化工技术问答

赵彦贵　主编

中国原子能出版社

图书在版编目（CIP）数据

化工技术问答 / 赵彦贵主编. -- 北京 ：中国原子
能出版社, 2024. 11. -- ISBN 978-7-5221-3814-5

Ⅰ. TQ-44

中国国家版本馆 CIP 数据核字第 2024JH0169 号

化工技术问答

出版发行	中国原子能出版社（北京市海淀区阜成路 43 号　 100048）
责任编辑	杨　青
责任印制	赵　明
印　　刷	北京金港印刷有限公司
经　　销	全国新华书店
开　　本	787 mm×1092 mm　1/16
印　　张	14.25
字　　数	200 千字
版　　次	2024 年 11 月第 1 版　2024 年 11 月第 1 次印刷
书　　号	ISBN 978-7-5221-3814-5　　　定　价　**72.00 元**

发行电话：**010-88828678**

前　言

　　化工原理是化学工程学科的核心课程之一，在化学工程学科的学习中，学生需深入学习化学工程和工艺有关的技术、了解化工原理理论与方法。随着化学工程学与其他学科的交叉融合，许多新的学科和边缘学科出现。化工单元操作越来越与其他学科如生物工程、食品工程、制药工程、环境能源工程、材料科学与工程、精细化工及应用化学等领域互相交叉，这些学科都离不开化工原理的基础知识。

　　化学工业对国民经济的发展具有十分重要的意义，化工行业是高危行业，化工安全是安全生产的重中之重。近年来，政府和企业在化工安全上倾注了大量心血，采取了一系列措施，如开展专项整治、组织设计诊断、危险辨识、重大危险源监控、高危工艺自控改造、在役装置设施现状评价、高危工艺操作列入特种作业范围等，出台了相关政策法规、管理措施，出版了相关的安全设计、技术措施、管理、培训等方面的书籍，对推动化工安全生产起到了积极作用，而当前发展化学工业的关键在于建设一支现代化的化工技术队伍。那么，究竟怎样才能建设一支现代化的化工技术队伍呢？核心问题就是调整化工技术人员的知识结构，提高其素质，以适应现代化科学技术发展的新形势。我们知道，在高度分化基础上的高度综合是现代科学技术发展的显著趋势。这种趋势要求化工技术人员不仅在化工技术知识的掌握上能够跟上当今时代迅速发展的步伐，而且还要具备与化工技术相关的知识储备，不断强化交叉意识和综合观念。但是，由于传统化工技术教育过于偏重化工技术专业知识本身的传授，忽视了其他学科知识的学习，导致很多化工人才在知识结构上存在严重缺陷。事实表明，在化学工业中取得重大成就的技术人员，也大都具有合理的知识结构和综合运用知识能力。因此，要建设一支现代化的化工技术队伍，就必须激励化工人才补充学习那些与化工技术有关的知识，使其成为具有合理知识结构、全方位应变能力和大胆创造精神的新型开拓型人才。

本书着重从基础理论知识和实际技能两方面讲述了化工技术的基础知识。第一篇基础理论知识分为工艺部分，包括基础化工理论及概念、炼油基础理论、焦化反应基础理论部分、分离基础理论部分、焦化脱硫基础理论部分；设备部分，分为转机部分和静止设备两方面。第二篇介绍了实际技能部分，一是工艺部分，包括焦化部分、分馏部分、稳定部分、脱硫部分；二是设备部分，包括除焦系统、天车系统、转机系统、静止设备等。

在撰写本书的过程中，作者参考了大量的学术文献，得到了诸多专家、学者的帮助，在此表示真诚的感谢。本书内容系统全面，条理清晰，但由于作者水平有限，书中难免有疏漏之处，希望广大同行及时指正。

目 录

25

第一篇
基础理论知识

工艺部分

基础化工理论及概念

什么是密度

表示单位体积内物质的质量，$\rho = M / V$，单位一般为 kg/m^3。

写出理想气体密度的计算公式

$$\rho = PM / RT$$

式中：ρ——密度；

P——气体压力；

R——状态常数；

T——绝对温度。

什么是流体的压强

流体垂直作用于单位面积上的力，称为流体的压强。压强的国际制单位为帕斯卡（Pa=N/m²），1 MPa=10^6 Pa。工程上还常用液柱高度来表示液体压强，其意义是作用于单位面积上的压力与一定高度的液体重量相等。

写出液体内部的液压强的计算公式

$$P = h\rho g$$

式中：P——压强（Pa）；

$\quad\quad h$——液柱高度（m）；

$\quad\quad \rho$——液体密度（kg/m³）；

$\quad\quad g$——重力加速度（m/s）。

写出压强单位间的换算关系

$\quad$ 1 atm=101 325 Pa=101.3 kPa（千帕）=0.101 3 MPa（兆帕）

$\quad\quad\quad$ =10 330 kg（力）/m²

$\quad\quad\quad$ =1.033 kgf/cm²

$\quad\quad\quad$ =10.33 mH$_2$O

$\quad\quad\quad$ =760 mmHg

压强的表示分类有哪几种

压强的表示方法有绝对压强、表压强、真空度。

什么是绝对压强

绝对压强是以绝对零压作为起点计算的压强，通常大气压强为 0.1 MPa。

什么是表压强

表压强是以大气压强为起点计算的压强，即用测压仪表所测得的压强。

常用压力表所显示的读数并非表内压力的实际值，而是表内压力比表外大气压力高出的值。若表内、外压力相等，则压力表的读数为零，表压强=绝对压强－大气压强。

什么是真空度

真空度是当被测流体的绝对压强小于外界大气压强时，用真空表测量的数值，真空度＝大气压强－绝对压强。

什么叫流量

单位时间内通过管道任一截面的流体量，称为流量，流量通常用体积流量和质量流量来表示。

符号表示一般分为：V——体积流量（m^3/s）；

m——质量流量（kg/s）。

什么叫流速

单位时间内流过单位截面积的流体量，称为流速，通常用体积流速和质量流速来表示。

体积流速用 v 表示，单位：m/s。

什么叫稳定流动

流体在管道中流动时，任一截面处流体的密度、压强、流量和流速等均随位置而变化，不随时间而变化，这种流动称为稳定流动。

简述稳定流动方程及含义

流体在稳定系统中连续流动时，每单位时间内通过不同管径的各截面的流体质量应相等。

$v_1 A_1 \rho_1 = v_2 A_2 \rho_2$ 为流体在管道中作稳定流动时的连续性方程，其中 A_1、A_2 为面积，v_1、v_2 为流速，ρ_1、ρ_2 为密度。

流体的机械能含哪几项

流体在稳定流动时，可以互相转化的能量有四种，即位能、动能、静压能和内能，其中位能（mgZ）、动能（$mv^2/2$）和静压能（$m\dfrac{p}{\rho}$），通常总称为机械能。

写出伯努利方程式

$$gZ_1 + \frac{p_1}{\rho_1} + \frac{1}{2}v_1^2 = gZ_2 + \frac{p_2}{\rho_2} + \frac{1}{2}v_2^2$$

式中：g——重力加速度；Z_1, Z_2——表示位高（m）；p_1, p_2——表示压力（Pa）；

ρ_1, ρ_2——表示流体密度（kg/m³）；

v_1, v_2——表示流速（m/s），它表明理想流体在管道内作稳定流动时，在任一截面上单位质量或单位重量流体所具有的三种机械能之和相等。

写出一般流量计的分类

一般流量计分为：

（1）孔板流量计。

（2）文氏管流量计。

（3）转子流量计。

简述理想气体状态方程及其应用条件

理想气体的概念是一种科学的抽象，实际上并不存在，它是极低压力和较高温度下各种真实气体的极限情况。理想气体方程不但在工程计算上有一定的应用，而且还可以用来判断真实气体状态方程在此极限情况下的正确程度。任何真实气体状态方程在低压、高温时一定要符合理想气体方程。理想气体状态方程表达式如下：

4

$$PV = nRT$$

P 表示压力，V 表示体积，n 表示物质的分子的量（摩尔），R 表示物质常数，T 表示绝对温度（K）。

什么是物料衡算

物料衡算的根据是质量守恒定律，由此可得，进入任何过程的物料质量，必须等于从该过程离开的物料质量与积存于该过程中的物料质量之和：

$$输入 = 输出 + 积存$$

很多情况下，过程进行中无物料积存，此过程称为稳定过程，此种情况下的物料衡算关系便简化为：

$$输入 = 输出$$

什么是热量衡算

热量衡算的根据是能量守恒定律。对于稳定过程，有"输入=输出"，这个关系若针对焓来运用，所作的衡算即为热量衡算。热量衡算中需要考虑的项目是进出设备的物料本身的焓与从外界加入或向外界送出的热，有化学反应时则还包括反应所吸收或放出的热。

炼油基础理论

简述石油中的元素组成

石油是由烃类及非烃类化合物组成的一种复杂的混合物，除了含有碳、氢之外，还含有硫、氮、氧及微量的金属和非金属元素，如钒、镍、铁、铜、铅、氯、硅、磷、砷等，原油中碳氢这两种元素含量一般占95%以上。

简述石油中烃类的组成

从化学组成来看，石油中主要含有烃类和非烃类这两大类。在同一原

5

油中，随着馏分沸程增高，烃类含量降低而非烃类含量逐渐增加。

石油中烃类主要是由烷烃、环烷烃和芳香烃及在分子中兼有这三类烃结构的混合烃构成。

简述石油中非烃类的组成

石油中的非烃化合物主要包括含硫、含氮、含氧化合物及胶状沥青状物质。

简述石油中硫化物的分布

通常将含硫量高于 2.0% 的石油称为高硫石油，低于 0.5% 的称为低硫石油，介于 0.5%～2.0% 的称为含硫石油。我国原油大多属于低硫石油（如大庆等原油）和含硫石油（如孤岛等原油），硫在石油馏分中的分布一般随着石油馏分沸程的升高而增加，大部分硫均集中在重馏分和渣油中。

简述石油中硫化物的分布形式

硫在石油中的存在形态有：元素硫、硫化氢、硫醇、硫醚、二硫化物、噻吩等类型的有机含硫化合物，此外尚有少量其他类型的含硫化合物。

什么是活性硫化物和非活性硫化物

活性硫化物主要包括元素硫、硫化氢和硫醇等，它们的共同特点是对金属设备有较强的腐蚀作用；非活性硫化物主要包括硫醚、二硫化物和噻吩等对金属设备无腐蚀作用的硫化物，经受热分解后一些非活性硫化物将会转变成活性硫化物。

什么叫石油酸

石油中的酸性含氧化合物包括环烷酸、芳香酸、脂肪酸和酚类等，它们总称为石油酸。

什么是酸度

酸度是指中和 100 mL 石油所需的氢氧化钾毫克数［mg（KOH）/100 mL］，该值一般适用于轻质油品。

什么是酸值

酸值是指中和 1 g 石油所需的氢氧化钾毫克数［mg（KOH）/g］，该值一般适用于重质油品。

简述减压渣油的化学组成

学界常采用四组分分析法将减压渣油分离成饱和分、芳香分、胶质和沥青质。

简述渣油中的胶质与沥青质的区别

胶质是分子量很大（一般在 500～10 000），碳氢比（C/H）在 7～9，结构非常复杂的含碳、氢、硫、氧、氮等元素的化合物，没有一定的化学结构式可表示。沥青质的结构近似胶质但比胶质更复杂。普遍认为它是胶质的缩合物，分子量比胶质更大，碳氢比（C/H）在 10～11 左右。

什么是渣油的残炭值

残炭值是石油或石油馏分在特定的实验条件下，使油品加热蒸发时形成的炭残留物的重量百分比数值。如果残炭是用康拉特逊实验装置得来的，这种残炭值又叫康氏残炭。

什么叫蒸气压

蒸气压是在某一温度下一种物质的液相与其上方的气相呈平衡状态时的压力，也称饱和蒸气压。蒸气压表示该液体在一定温度下的蒸发和气化的能力，蒸气压越高的液体越易于气化。油品蒸汽压与油品组成有关，在一定温度下，油品馏分越重，蒸汽压越小。蒸汽压是汽油的规格之一，用于评定汽油的蒸发强度、启动性能、生成气阻的倾向以及贮存时损失轻馏分的倾向。

简述平均沸点的几种分类

石油馏分的平均沸点有下列五种：体积平均沸点、重量平均沸点、实分子平均沸点、立方平均沸点和中平均沸点。

什么叫比重

油品在 t ℃时的质量与同体积纯水在 4 ℃时的质量比称为油品的比重，比重是无因次数。

简述油品比重与温度的关系

温度升高，油品受热膨胀，体积增大，比重减小，反之则增大。

油品比重的测定有几种方法

油品比重的测定方法常用的有三种：比重计法、韦氏天平法和比重瓶法。

什么叫闪点

闪点（或称闪火点）是指可燃性液体（如烃类及石油产品）的蒸汽同空气的混合物在接近火焰时，能发生短暂闪火的最低温度。

什么叫油品的凝点

油品的凝点是在一定的仪器中，在一定的试验条件下，油品丧失流动性时的温度。而所谓丧失流动性，也完全是条件性的。当油品冷却到某一温度，并将贮油的试管倾斜成 45°，若 1 分钟后，肉眼看不出管内液面位置有所移动，此时油品就看作是凝固了。产生这种现象的最高温度，就称为此油品的凝点。

什么叫自燃点

如果将油品预先加热到很高温度，然后使之与空气接触，则无须引火，油品即可因剧烈的氧化而产生火焰，自行燃烧，这就是油品的自燃。能产生自燃的最低油温，称为自燃点。

什么叫 MON、RON 和抗爆指数

汽油的抗爆性用辛烷值表示。评定辛烷值的方法有马达法和研究法两种，评定用的发动机转速分别为 900 r/min 和 600 r/min。马达法辛烷值（MON）表示高转速时汽油的抗爆性，研究法辛烷值（RON）表示低转速时汽油的抗爆性。上述两种辛烷值都不能全面地反映车辆运行中燃料的抗爆性能，因此提出了计算车辆运行中抗爆性能的经验关系公式：抗爆指数$=K_1 \cdot \text{RON} + K_2 \cdot \text{MON} + K_3$。$K_1$、$K_2$、$K_3$ 为系数，不同类型的车辆系数是不同的，这与发动机的运转特性和运转条件有关，它们都是通过典型的道路试验来确定的。一般简化式采用总车辆数的平均抗爆性能。通常，$K_1=0.5$，$K_2=0.5$，$K_3=0$，即抗爆指数$=(\text{RON}+\text{MON})/2$。

汽油的初馏点和10%馏出温度展现了什么

汽油的初馏点和10%馏出温度展现了汽油在发动机中的启动性能。如10%馏出温度过高，在冬季严寒地区使用这种汽油时，汽车启动就有困难。

汽油的50%馏出温度说明了什么

汽油的50%馏出温度展现了汽油在发动机中的加速性能。若这一馏出温度过高，当发动机由低速骤然变为高速而需要加大油门增加进油量时，

燃料就会来不及完全气化，使燃烧不完全，甚至燃烧不起来，发动机就不能提供需要的功率，50%的温度对发动机的启动、预热也有较大影响。

汽油的90%馏出温度和干点展现了什么

90%馏出温度展现了汽油在发动机中蒸发完全的程度。90%馏出温度和干点过高，说明重质成分过多，其结果是降低发动机的功率和经济性。

为什么要规定柴油的350℃馏出量

馏分组成较轻的燃料蒸发速度快，这对于高速柴油机是有利的。馏分较重的燃料因喷入燃烧室后，未能很快气化和形成可燃混合物，因而燃烧将在膨胀行程中继续进行。而且未蒸发的油滴还会裂解产生一部分气体烃和难燃烧的炭粒，使积炭量和燃料消耗量增加，经济性降低。因此，从改善起动性能考虑，使用馏分组成较轻的燃料为宜。但是，馏分组成太轻也有害的，因为在自燃开始的瞬间，如果所有喷出的燃料都同时燃烧，结果使燃烧第二阶段——急燃期的压力增长率过大，容易引起发动机爆震，所以燃料的着火落后期过长及使用过轻的燃料都将容易引起爆震。各种柴油机的馏分组成是根据柴油机的转速和使用条件决定的。我国统一标准规定，轻柴油（适用于1 000 r/min以上的高速柴油机）的馏程为300℃，馏出量不小于50%，350℃馏出量不小于85%～95%。

什么叫十六烷值

十六烷值是评定柴油抗爆性的指标，它采取与标准燃料对比的办法测定。以纯正十六烷的十六烷值为100，纯α-甲基萘的十六烷值为0。以不同的比例混合起来，可以得到十六烷值自0～100的不同抗爆性等级的标准燃料，并在一定结构的单缸试验机上与待测柴油作对比。

按加工方法的不同，石油焦如何划分

按加工方法的不同，石油焦可分为生焦和熟焦。前者由延迟焦化装置

的焦碳塔得到，又称原焦，它含有较多的挥发分，强度较差；后者是生焦经过高温煅烧（1 300 ℃）处理除去水分和挥发分而得，又称煅烧焦。

按硫含量的高低，石油焦如何划分

按硫含量的高低，石油焦可分为高硫焦（硫含量大于 4%）、中硫焦（硫含量 2%~4%）和低硫焦（硫含量小于 2%）。硫属于石油焦中的杂质。

按其外形和性质，石油焦如何划分

按外形和性质，石油焦可以分为海绵状焦、蜂窝状焦和针状焦。

石油焦的主要质量指标有哪些

石油焦的主要质量指标包含挥发分、硫含量、灰分。

石油焦中挥发分的大小与何种因素有关

石油焦中的挥发分的大小主要与原料性质、反应深度、操作压力相关。

石油焦中硫含量的大小与何种因素有关

石油焦中的硫含量大小主要与原料油硫含量的多少相关。

石油焦中灰分的大小与何种因素有关

石油焦中的灰分的大小与原料中的盐分含量多少直接相关。

焦化反应基础理论部分

简述焦化反应的机理

焦化反应主要包括两类：裂解反应、缩合反应。裂解方向产生较小分子，缩合则产生较大分子，该反应是一种平行-顺序反应，它不会在某一阶段停留，而是不断进行，随反应时间的加长，反应不断加深。焦化反应应符合自由基反应机理。

延迟焦化的工艺原理是什么

将重质渣油以很高的流速、在高热强度条件下，通过加热炉管，使油品在短时间内达到焦化反应温度，并迅速离开加热炉，进入焦炭塔，由于油品在加热炉停留时间短，因而裂解、缩合反应被延迟到焦炭塔内进行。

简述焦化反应的热效应

焦化反应中缩合是放热反应、分解是吸热反应，总体热效应是吸热的，但随着反应深度的逐步提高，吸热效应逐步降低。

焦化反应的特点

（1）反应复杂，属于复杂的平行-顺序反应。

（2）容易生焦。

（3）渣油在反应中由一种胶体分散体系状态因受热而产生第二相，从而促进了缩合生焦。

温度对焦化反应速度的影响

温度升高会直接加快反应的进行，在反应深度不太高时，烃类的热反应速率服从一级反应规律，既反应速度与反应物的浓度成正比。对于热裂解反应而言反应温度每升高 10 ℃则反应速度约提高到原反应速度的 1.5～2 倍。

消泡剂的化学组成

消泡剂是硅酮、聚甲基硅氧烷或过氧化聚甲基硅氧烷溶在煤油或轻柴油中的一种液体混合物。

原料性质对焦化反应的影响

焦化反应的产品分布及性质很大程度上取决于原料的性质，如残炭值、密度、馏程、烃组成、硫及灰分等杂质含量等，一般焦炭产率约为原料油残炭值的 1.5～2 倍。

什么是循环比

循环比=循环油量/新鲜原料量

什么是联合循环比

联合循环比=（新鲜原料量+循环油量）/新鲜原料量=1＋循环比

循环比的选择依据

合理选择循环比可以控制反应的深度，对于性质较重、易于结焦的原料油，由于单程裂化深度受到限制，就应采用较大的循环比。

循环比对产品分布的影响

循环比增加后气体产率、汽油产率和柴油产率都是上升的，焦炭产率稍有增加，蜡油的产率是下降的，所以循环比增加后，蜡油热源的重沸器的热量可能不充足。

原料性质对焦化加热炉的影响原因

不同性质的原料油有不同的易结焦温度，也称为临界分解温度。一般原料的特性因数（K）值越大，其临界分解温度越低，趋势如图 1-1 所示。因此，原料在被加热时应尽快通过处于临界分解范围的炉管段，以缩短在此范围的停留时间，从而抑制结焦。

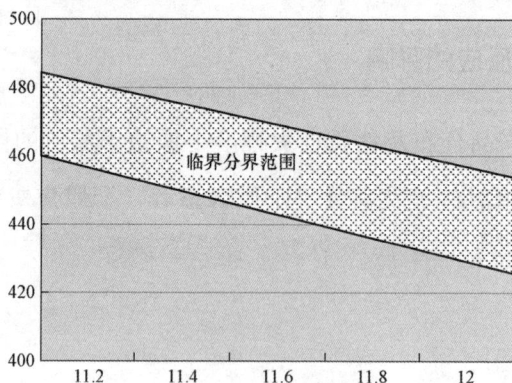

图 1-1　临界分解温度趋势

温度对焦化反应深度、产品分布的影响

对于同一种原料，提高加热炉出口温度，反应深度将加大，气体、汽油、柴油的产率增加，蜡油产率减小。焦炭中的挥发分由于温度的升高而降低，焦炭产率因此而降低，反之则相反。

压力对焦化反应深度、产品分布的影响

降低焦炭塔的压力使液相易于挥发，也缩短了气相在焦炭塔内的停留时间，从而降低反应深度。石蜡油产率增加，柴油产率下降，反之亦然。

反应温度对焦炭塔泡沫层高度的影响

一般来说，加热炉出口温度越低焦炭塔内泡沫层越高。泡沫层的高低除了与原料的起泡沫性能有关外，与加热炉出口温度直接有关。泡沫层本身是反应不彻底的产物。如果炉出口温度增加，泡沫层在高温下充分反应，生成焦炭，泡沫层就下降。所以一般在老塔生产的末期，应稍提反应温度以降低泡沫层高度，来避免冲塔事故的发生，同时也减少不合格焦炭的收率。

焦炭形成的过程

烷烃、环烷烃、烯烃、芳香烃→稠环芳香烃→高分子缩合物→胶质→沥青质→焦炭。

分离基础理论部分

什么叫沸点

液相受热升温时，蒸汽压随着增加，当蒸汽压升到和外压相等时，液体内部产生气泡而沸腾气化，此时温度称为该压力下的沸点。

什么是泡点和露点

在一定压力下，将液体混合物加热到刚刚开始气化，或者出现第一个气泡时保持相平衡的温度，称为泡点温度，混合蒸汽刚刚开始冷凝而出现第一液滴时的温度叫露点温度。

什么叫馏程

自初馏点到干点之间的温度范围，称为馏程。

什么叫初馏点和干点

蒸馏时，从冷凝管流出第一滴油时的气相温度叫初馏点。干点又称终馏点，是测定油品馏程时，所达到的最高气相温度。

什么叫恩氏蒸馏

恩氏蒸馏是一种测定油品馏分组成的经验性标准方法，属于简单蒸馏。其规定的标准方法是取 100 ml 油样，在规定的恩氏蒸馏装置，按规定条件进行蒸馏，当收集到第一滴馏出液时的气相温度为初馏点，然后按每馏出 10%（vol）记录一次气相温度，直到蒸馏终了时的最高气相温度作为干点。

什么叫精馏？精馏的必要条件是什么

利用液态或气态混合物中各组分挥发性或沸点不同，来分离这些组分的方法叫精馏，精馏必要条件如下：

（1）气液相必须充分接触，精馏塔内装有多层塔板就是提供气液充分接触的条件。

（2）气液两相接触时，上升的高温气相中轻组分的浓度要高于平衡时的浓度，而下降的低温液相中轻组分的浓度要低于平衡时的浓度。由于气液两相不平衡，并存在温度差才能发生传热和传质过程，起到精馏作用。

什么叫精馏段和提馏段

进料板以上上升汽相中的重组分不断冷凝分离，汽相中轻组分不断提纯，该段称为精馏段。进料板下液相中轻组分不断被汽化分离，液相中重组分不断被提纯，该段称为提馏段。

简述传质概念

不平衡的汽液两相通过充分接触而趋于平衡，物质从一相穿过相界面传递到另一相中去，即发生了传质过程。传质的根本原因是物质的扩散，物质在一相中扩散移动，通过相界面扩散到另一相中，也就是相内扩散和相外扩散，使物质从一相传递到另一相。

什么叫挥发度及相对挥发度

溶液中各组分的挥发度是指它在蒸汽中分压和它在与汽相平衡的液相中摩尔分率之比，即：$U_A = P_A / X_A$。溶液中两组分的比值称为相对挥发度。

什么叫拉乌尔定律

理想溶液气液两相达到平衡时，溶质气体的平衡压力等于在同一温度

下的饱和蒸汽压与它在溶液中的摩尔分率的乘积，这就是拉乌尔定律，即：
$P_e = P^0 X$。

什么叫亨利定律

对于非理想溶液，拉乌尔定律偏差较大，但在溶液浓度较低时可得出如下结论：即溶液浓度低于一定数值时，溶质的平衡压力与它在溶液中摩尔分率成正比，这就是亨利定律，$P_e = HX$。

什么叫等温吸收和非等温吸收

当气体溶于液体时，要放出溶解热，伴有化学反应时，要放出反应热，使操作温度显著升高，这种吸收称为非等温吸收；反之，在吸收过程中温度变化不明显的称为等温吸收。

什么叫吸收、吸收剂和吸收质

吸收是石油化工生产中分离气体混合物的重要方法之一，利用气体在液体中溶解度的差异而分离气体混合物的操作称为吸收；吸收过程中，所用于吸收气体混合物中某组分的液体称为吸收剂，被吸收的物质称为吸收质。

什么叫物理吸收和化学吸收

吸收过程中，若气体溶解后与溶剂或预先溶于溶剂里的其他物质进行化学反应称为化学吸收；反之，称为物理吸收。

吸收剂的一般要求是什么

（1）吸收剂的重度与分子量比值（P/M）越大吸收率越高。

（2）应具有较好的选择性，对原料气中产品组分吸收能力强，而对非产品组分吸收能力弱。

（3）应具有合适的馏分范围和蒸汽压。

（4）黏度小，黏度越小，全塔板效率愈高。

（5）相对密度较小且不溶解水，以便易于和水分离。

（6）应具有较好的稳定性，不易产生热分解而生成胶质。

（7）比热小。

（8）来源方便。

吸收过程的推动力是什么？如何提高推动力

气体吸收的推动力是组分在气相主体的分压与组分在液相的分压之差，此差值只有在平衡时才等于零，传质的方向取决于气相中组分的分压是大于还是小于溶液的平衡分压。为提高推动力，在选定吸收操作的工艺条件时，降低吸收剂温度、选择对组分气体溶解度较大的吸收剂，或者改为化学吸收等，都是使平衡曲线下移的有效措施。提高吸收操作的总压强有利于操作状态点的位置上移，这样也能增加吸收推动力，提高生产强度。

影响吸收的因素有哪些

（1）压力高对吸收有利。

（2）吸收温度对吸收效率影响很大，温度越低，吸收效果越好。

（3）吸收剂质量对吸收影响也较大。

什么叫吸收液气比？什么叫最小液气比

吸收液气比指吸收剂量与被吸收气体量的比值。当液气比减小时，吸收剂量减小，吸收推动力下降，富吸收油浓度增加，当吸收剂量减小到使富吸收油操作浓度等于平衡浓度时，吸收推动力为零，这时的液气比称为最小液气比。

液气比过大或过小有什么害处

加大液气比有利于吸收，但液气比过大会降低富吸收油中溶质浓度，

不利于解吸，使解吸塔和稳定塔的液体负荷增加，塔底重沸器热负荷加大，输送动力增加；但液气比也不可过小，否则会造成吸收失去推动力，吸收无法进行。

分馏的基本原理是什么

分馏的基本原理是利用液相中各组分的相对挥发度的不同进行分离。在塔中，蒸汽从塔底向塔顶上升，液体则从塔顶向塔底下降。在每一层板上汽液两相相互接触时，汽相产生部分冷凝，液相产生部分汽化。由于液体的部分汽化，液体中轻组分向汽相扩散，使蒸汽中轻组分增多；而蒸汽的部分冷凝，使蒸汽中重组分向液相扩散，液相中重组分增多，进而使同一层板上互相接触的汽液两相趋向平衡。

吸收稳定的基本原理是什么

利用吸收原理，用粗汽油和稳定汽油作为吸收剂，回收富气中 C_3、C_4 组分，产出 C_3 含量≯3%的干气，经过再吸收后送出界区。吸收塔底油利用解吸原理将 C_1、C_2 脱除后，含有液化气和汽油的油品利用精馏原理将液化气和汽油分离，分别保证液化气 C_5 为 0，汽油蒸汽压合格。

什么是相和相平衡

相是指物系中具有相同物理化学性质的任何均匀部分，一个物相可以是纯物质也可以是混合物。在蒸馏过程中，气体和液体处于同一温度和压力下，互相接触达到动态平衡，气相和液相的相对量以及组分在两相中浓度分布都不再变化，这种状态称为气液两相达到了相平衡。

什么叫解吸

把溶解在液体中的气体释放出来的过程叫解吸，它是吸收的逆过程。

吸收与精馏的主要区别是什么

两者的主要区别在于吸收是利用组分的溶解度不同而实现分离目的，可以认为是单向传质；而精馏是利用各组分挥发度不同而实现分离，属于双向传质。

什么是 C_3 吸收率

被吸收的 C_3 量与原来 C_3 量比值称为 C_3 吸收率，通常以公式表示：

$$\eta = (W_1 - W_2) / W_1$$

式中：W_1——富气中 C_3 含量，单位为 kg/h；

W_2——干气中 C_3 含量，单位为 kg/h；

η——C_3 吸收率。

气体吸收是否进行取决于什么

气体吸收是否进行主要取决于推动力，当气体中该组分分压大于溶液中该组分对应的平衡分压时吸收进行。如果二者相等时，推动力为零，吸收不再进行，保持动态平衡。

根据 $Y_i = KX_i$ 相平衡关系，K 值大小对吸收效果有什么影响

对同类烃类来说，K 值越小对吸收越有利。

吸收与解吸有什么不同

解吸过程与吸收过程正好相反，故凡不利于吸收的因素（如提高温度、降低压力、通入蒸汽等）对于解吸过程都会产生有利的影响。需注意，虽然降低压力对解吸有利，但有时为了冷凝从吸收油解吸出来的烃类而要求有较高的压力。温度越高越有利于解吸，但由于下列原因的限制，解吸塔内的温度通常不超过一定的范围：

（1）解吸温度应低于吸收油开始沸腾的温度。

（2）高温使吸收油的稳定性显著降低。

（3）如果温度规定高，加热介质的温度也要求高。

焦化脱硫基础理论部分

脱硫岗位的任务是什么

（1）利用化学吸收原理将干气及液化气中的硫化氢吸收，使干气及液化气中硫化氢含量达到质量要求。

（2）采用预碱洗脱硫化氢及催化剂碱液抽提催化氧化脱硫醇工艺，将液化气中的硫化氢及硫醇脱除。

（3）负责维护本岗位所属设备、仪表、电气，保证安全生产。

（4）严格遵守巡回检查制度，定时、定点对室内外仪表进行对照，保证平稳生产。

（5）优化操作，努力降低能耗及剂耗。

脱硫岗位的操作原则是什么

（1）操作中发生超温、超压以及停水、电、汽、风等不正常现象，要根据具体情况果断及时地进行处理，严防事故扩大。

（2）严格按照工艺卡片规定控制好各塔压力、温度及液、界位。

（3）正常生产运行时，严防设备受憋、超压，做到安全第一。

干气及液化气脱硫部分、液化气脱硫醇部分采用了什么工艺方法

干气及液化气脱硫部分采用醇胺法溶剂脱硫工艺，液化气脱硫醇部分采用预碱洗脱硫化氢及催化剂碱液抽提催化氧化法脱硫醇工艺。

为减少干气脱硫部分溶剂损失，采用了什么措施

干气进脱硫塔前设置较大的干气分液罐，目的是尽量减少凝液带入溶

21

剂系统，避免干气脱硫塔因溶剂发泡、雾沫夹带而造成的溶剂损失。

干气及液化气脱硫部分采用了什么脱硫溶剂

脱硫溶剂采用国内新开发的复合型甲基二乙醇胺（MDEA）溶剂。该溶剂以 MDEA 为基础组分，加入适量添加剂改善胺溶液的脱硫选择性、抗降解和抗腐蚀能力，此外还加入微量辅助添加剂以增加溶剂的抗氧化和抗发泡能力。

复合型甲基二乙醇胺（MDEA）溶剂与传统的其他醇胺脱硫剂（MEA、DEA、DIPA）相比主要有什么特点

（1）对 H_2S 有较高的选择吸收性能，溶剂再生后酸性气中硫化氢浓度可以达到 70%（V）以上。

（2）溶剂损失量小。其蒸汽压在几种醇胺中最低，而且化学性质稳定，溶剂降解物少。

（3）碱性在几种醇胺中最低，腐蚀性最轻。

（4）装置能耗低。与 H_2S、CO_2 的反应热最小，同时最高使用浓度可达 40%～50%，溶剂循环量降低，使再生蒸汽消耗量大大降低（为稳定脱硫和再生系统的操作，降低胺耗，采用复合型甲基二乙醇胺溶剂的浓度为 30%）。

（5）因其对 H_2S 选择性好，溶剂循环量降低且使用浓度高，故降低了设备体积，节省了投资。

干气、液化气中含硫化物有哪些

干气、液化气中含硫化物主要包括无机硫和有机硫两种化合物，无机硫化合物主要为硫化氢，有机硫化合物主要有硫醇、噻吩等。

干气、液化气为何要进行脱硫处理

干气、液化气中含有硫化物时，会引起设备和管线的腐蚀，使催化剂

中毒，危害人体健康，污染大气，同时，气体中的硫化氢也是制造硫磺和硫酸的原料。

气体脱硫的方法可分为哪两类

气体脱硫方法可分为干法脱硫与湿法脱硫。干法脱硫是利用固体吸附剂吸附法脱除硫化氢，常用的吸附剂有氧化锌、活性炭和分子筛。湿法脱硫是用液体吸收剂洗涤气体以除去气体中的硫化氢，其中最常用的是醇胺法脱硫。

湿法脱硫可分为几种方法

湿法脱硫按吸收剂吸收硫化氢的特点可分为化学吸收法、物理吸收法、直接转化法。

简述化学吸收法的过程

选用可以与硫化氢反应的碱性溶液进行化学反应，溶液中的碱性物和硫化氢在常温下结合生成络盐，然后用升温或减压的方法分解络盐，释放出硫化氢。

脱硫部分的特点是什么

介质为易燃易爆的干气、液化气和有较强腐蚀性的乙醇胺溶液、氢氧化钠碱液。

使用输送油的离心泵输送水时应注意什么

泵出口阀开度要小，防止电机超负荷。

系统中脱硫溶剂百分比浓度控制多少合适

系统中脱硫溶剂百分比溶度应控制在 30%。

停工扫线前，液化气管线为什么需用水顶

液化气易汽化，直接用蒸汽扫线容易出现超压现象。水顶后，大部分液化气被退净，从而可以避免不宜扫净及超压现象。

扫线时，冷油泵体为什么不能长时间用蒸汽扫

长时间用蒸汽扫，容易损坏机械密封。

醇胺法脱硫的基本原理是什么

醇胺法脱硫是一种典型的吸收反应过程，在选择对硫化氢有较强的吸收能力、而且化学反应速度较快的醇胺弱碱性的水溶液（复合型甲基二乙醇胺）为吸收剂。在脱硫塔内，使其在常温下与干气、液化气逆流接触。醇胺吸收干气、液化气中的酸性气体 $H_2S(CO_2)$ 和其他含硫杂质，生成酸式硫化胺盐（或酸式碳酸胺盐），当温度升高时，生成的胺盐又分解，放出 $H_2S(CO_2)$ 气体。脱出的 H_2S 送入硫磺回收装置转化为硫磺，醇胺则可循环使用。

解释溶剂的"发泡"现象

溶剂的"发泡"现象是由进入脱硫塔中的气体中携带的烃类凝液和液体雾沫及硫化氢腐蚀设备所产生的硫化铁等引起的。为减轻溶剂的"发泡"现象，除了使用分离器或吸附器等除去烃类凝液和采用较低浓度的乙醇胺溶液外，还可以加入消泡剂。

液化气预碱洗的原理是什么

在液化气预碱洗过程中用浓度 10%（重）的氢氧化钠水溶液与液化气混合，碱液与液化气中的烃类几乎不起作用，它只与酸性的非烃类化合物起反应，生成相应的盐类，这些盐类大部分溶于碱液而从液化气中除去。

因此，预碱洗可以除去液化气中的含氧化合物（如环烷酸、酚类等）和某些含硫化合物（如硫化氢、低分子硫醇等）。

预碱洗主要是为了除去什么

预碱洗主要是为了除去硫化氢。

催化氧化脱硫醇的原理是什么

催化氧化脱硫醇是把催化剂（酞菁钴、磺化酞菁钴）分散到碱液中，将含硫的液化气与碱溶液接触，其中硫醇（RSH）与碱反应生成硫醇钠（RSNa），然后将其分出并氧化成烷基二硫化物。由于液化气中所含硫醇分子量较小，易溶于碱液中，因此工业上采用碱液-浓相抽提的方法，接触生成硫醇钠，然后再将硫醇钠氧化成二硫化物。

抽提氧化法脱硫醇使用的催化剂是什么

抽提氧化法脱硫醇使用的催化剂是磺化酞菁钴，是用发烟硫酸与酞菁钴进行磺化而得到的，催化剂中的钴离子和氧作用生成高价钴离子和过氧化物。

温度对磺化酞菁钴的溶解度有什么影响

温度对磺化酞菁钴的溶解度的影响为：温度太高，则会破坏磺化酞菁钴在碱液中的稳定性，因此会使脱硫醇效果变差。

NaOH 浓度对磺化酞菁钴的硫醇脱除率有什么影响

NaOH 浓度对磺化酞菁钴的硫醇脱除率的影响是浓度上升对脱硫醇反应是有利的，但浓度过高又会造成盐析而降低反应效果。

设备部分

转机部分

压缩机

离心式压缩机的主要结构是怎样的

习惯上将离心式压缩机转动的部件称为转子，不能转动的零部件称为定子，每个部件包括很多个零件。

转子：叶轮、主轴、平衡盘、推力盘、联轴器。

定子：机壳、扩压器、弯道、回流器、蜗壳、密封、轴承。

离心式压缩机的主要优缺点是什么

主要优点：输气量大而连续，运转平稳；机组外形尺寸小，重量轻，占地面积少；设备易损部件少，使用期限长，维修工作量小；由于转速很高，可以用汽轮机直接带动，比较安全，容易实现自动控制。

主要缺点：效率不及轴流式压缩机和往复式压缩机；稳定工况区比较窄；有喘振现象发生。

汽轮机的主要结构是怎样的

汽轮机本体的结构由下列三个部分组成：

（1）转动部分由主轴、叶轮、轴封套和安装在叶轮上的动叶片等组成。

（2）固定部分由汽缸、隔板、喷嘴、静叶片、汽封和轴封等组成。

（3）控制部分由调速装置、保护装置和油系统等组成。

汽轮机的主要优点是什么

（1）汽轮机的转速可在一定范围内变动，增加了调节手段和操作的灵活性。

（2）适于输送易燃易爆的气体，即使有泄漏也不易引起事故。

（3）蒸汽来源比较稳定。

盘车的目的是什么

启动前盘车是为检查机组内部有无摩擦、碰撞、卡涩等现象，以保证启动后安全运转。可以通过对比每次盘车用力大小，来判断安装与检修的质量，如联轴节对中心的好坏、轴瓦间隙大小及有无异物留在机内等。

停机后进行盘车是为了防止上下汽缸的温差引起轴弯曲。有盘车装置的汽轮机，可不受停机时间限制，随时可以启动，否则在停机后 4～12 小时轴弯曲最大时不允许启动。

什么是多油楔轴承

支撑轴承有三块或多块内表面浇有巴式合金的瓦块，瓦块沿轴径外圆周均匀分布，瓦块在结构上能就地摆动；工作中可形成多个油楔，这样的轴承叫多油楔轴承。

多油楔轴承有以下三个特点：

（1）抗振性能好，运行稳定，能够减轻转子由于不平衡或加工安装误差造成的震动危害。

（2）在不同的负荷下，多油楔轴承中轴颈的偏心度比普通轴承小得多，保证了转子的对中性。

（3）当负荷与转速有变化时，瓦块能自动调节位置，以保证有最好的润滑油楔，所以温升不高。

离心式气压机的工作原理是什么

离心式气压机是依靠高速旋转的叶轮所产生的离心力来压缩气体的。

当气体流经叶轮时，由于叶轮旋转使气体受到离心力的作用而产生压力，与此同时气体也获得速度；而后又通过扩压器使气体速度变慢，进一步提高气体的压力。

汽轮机转子为什么会转

汽轮机是一种利用蒸汽带动的原动机，利用蒸汽的膨胀，使其一部分气体转变为具有高速的气流，推动叶轮旋转而转变为动能。通过喷嘴后，蒸汽焓降很大，此热量转变为流出后蒸汽的动能。

汽轮机有哪些保护装置

汽轮机的保护装置很多，重要的有以下六个：

（1）危急保安器。

（2）低油压保护装置。

（3）轴向位移保护装置。

（4）电动脱扣装置。

（5）凝汽式汽轮机低真空保护装置。

（6）背压式汽轮机的背压安全阀。

离心式气压机有哪些保护装置

（1）低油压保护装置。

（2）轴向位移保护装置。

（3）反飞动控制装置。

（4）干气密封压差控制装置。

气压机的密封有哪些？起什么作用

气压机密封的作用是防止级与级之间的倒流及向机器的外部泄漏，因此密封可分为内密封及外密封。内密封是防止通流部分中间级的泄漏，如隔板和轮盖之间，回流器、隔板和套筒（或轴）之间的泄漏都属于内泄漏，内密封一般采用梳齿形密封。密封片与密封齿有平滑式、迷宫式和阶梯式三种，迷宫式和阶梯式密封效果较好，外密封是为了减少或杜绝机器内部的有压力气体向外泄漏，外密封的形式有迷宫式气封、浮动环式油封、干气密封。

汽轮机轴封有几种？有什么作用

汽轮机转子是转动的，而汽缸是静止的。为了使高压汽缸的蒸汽不致大量顺轴漏出，以及低压汽缸真空部分空气不致大量顺轴漏出，所以在汽缸前后端安置了高低压轴封。轴封有三种形式：迷宫轴封、水封和炭精密封。

危急保安器有几种？如何动作

危急保安器有以下两种形式：

（1）重锤式

这种危急保安器的动作原理是重锤的重心与轴的重心不重合，有一定的偏心度。重锤外围装有弹簧，使重锤稳定在一定位置上。正常运行时弹簧力超过偏心度造成的离心力，使重锤不能飞出。当转速升高时离心力增大，当离心力大于弹簧力，重锤飞出，使脱扣器动作，从而使汽轮机进汽中断。

（2）飞环式

其动作原理与重锤式相似。飞环的重心不与轴的重心相重合。在转子转动时，产生离心力。在额定转速时，离心力小于弹簧力，飞环不会飞出。如果转速升高，超过一定的转速时，飞环的离心力就会大于弹簧的抵抗力，飞环自行飞出，撞击危急遮断油门的连杆使主汽门关闭，从而切断进汽。

为什么危急保安器动作后，须待转速降下后才能复位

因为危急保安器动作后，汽轮机转速由高逐渐降低，危急保安器的偏心环或偏心锤飞出后还未能复置到原来位置，此时，若将脱扣器复置很可能使二者相碰，从而使设备损坏。为了安全起见，一般在转速下降到额定

转速的 90%时才复置脱扣器。

主蒸汽管道汽水分离器起什么作用

汽水分离器用来分离蒸汽中所夹带的水分，提高进入汽轮机的蒸汽品质，保证进入汽轮机的工作蒸汽里不夹带水。如果蒸汽在进入汽轮机时带水，就会打坏汽轮机的喷嘴和叶片，造成汽轮机损坏及事故。因此在汽轮机的主蒸汽管道上，主汽门前必须设置汽水分离器。

气压机入口阀、放火炬阀为什么采用风动闸阀

气压机出入口阀一般不做流量调节用，其主要的用途是在开、停工及两台气压机并机时使用。而放火炬阀是当气压机出现故障紧急停机时，要求迅速打开，将裂化气放火炬以保证分馏塔顶的压力不变，上述的几项操作都要求迅速可靠。另外，因介质为裂化气，是易燃易爆气体，为保证密封可靠及安全，故选用了风动闸阀。风动闸阀具有密封可靠，开关迅速（一般全开、全关时间不大于 30 秒）的特性，且能有效地防燃防爆。

凝汽式汽轮机与背压式汽轮机有什么不同

凝汽式汽轮机是将进入汽轮机的蒸汽在做功后全部排入凝汽器，凝结成水后返回锅炉。

背压式汽轮机是将全部排汽供给其他工厂或用户使用，不设凝汽器。

轴向推力是怎样产生的？在运行中怎样变化

离心式气压机在运转中，由于每级叶轮两侧气体作用在其上的大小不同（出口侧因压力高，作用力大于进口侧），转子受到一个指向低压端的合力，即轴向推力。虽然在结构上设置了平衡盘或通过级的不同排列来减小轴向力，但不能完全平衡。当出口压力增加时，这个轴向推力加大。另外，当气压机启动时，由于气流的冲力指向高压端，转子轴向推力方向与正常运转相反。

汽轮机产生轴向推力是因为动叶片有较大的反动度，蒸汽在动叶中继

续膨胀，造成叶轮前后产生一定的压差。这些压差就产生了顺着气流方向的轴向推力。冲动式汽轮机的轴向推力较反动式汽轮机小。在运转中，轴向推力的大小与蒸汽流量的大小成正比，即负荷越大，轴向推力越大。另外对于凝汽式汽轮机，运转中真空度下降，因焓降减少增大级的反动度，使轴向推力加大。在汽轮机突然甩负荷时，轴向推力瞬时改变方向。

什么是轴向位移？为什么会产生轴向位移

气压机与汽轮机在运转中，转子沿着主轴方向的串动称为轴向位移。

产生轴向位移的原因有以下三个方面：

（1）在气压机起动和汽轮机甩负荷时由于轴向力改变方向，且主推力块和副推力块与主轴上的推力盘有间隙，造成转子串动，产生轴向位移。为保证机组，当主推力块与推力盘接触时，副推力块与推力盘的间隙应该小于转子与定子之间的最小间隙。

（2）因轴向推力过大，造成油膜破坏，使瓦块上的乌金磨损或熔化，造成轴向位移。为保证机组，当乌金熔化时，不会造成过大的轴向位移，瓦块上乌金的厚度均应不大于 1.5 mm。

（3）由于机组负荷的增加，推力盘和推力瓦块后的轴承座、垫片、瓦架等因轴向力产生弹性变形，也会引起轴向位移，这种轴向位移叫作轴向弹性位移，弹性位移与结构及负荷有关，一般在 0.2～0.3 mm。

机组的轴向位移应保持在允许的范围内，一般为 0.8～1 mm。超过这个数值就会引起动静部分发生摩擦碰撞，发生严重损坏事故，如轴弯曲、隔板和叶轮碎裂、汽轮机大批叶片折断等。因此，在操作中要经常注意轴瓦温度、润滑油温度、轴向位移指示值，发现异常情况要立即采取措施。

什么是临界转速

汽轮机、气压机转子上的各个部件制造都很精密，在装配时都找到了平衡，但是转子的重心还是不可能完全和轴的中心相符合。由于轴的中心和转子的重心之间有偏心，在轴旋转时就会产生离心力，这是造成机组振动和大轴弯曲的主要原因。

汽轮机、气压机的转子是弹性体，并具有一定的自由振动频率，轴旋转产生的离心力会引起转子的强迫振动。当转子的强迫振动频率和转子的自由振动频率相同或成比例时，就产生了共振。这时转子的振动最大，这一转速就称为转子的临界转速。由于临界转速下，转子振动很大，因此汽轮机和气压机不允许在临界转速下工作。

透平油有什么作用？对透平油的质量有哪些要求

在机组运行中，透平油有三个作用：一是使润滑机组各轴承、联轴节及其他传动部分上形成一层油膜，大大减少了摩擦阻力；二是带走因摩擦而产生的热量和高温蒸汽及压缩后升温的气体通过主轴传到轴颈上的热量，以保证轴承及轴颈处温度不超过一定值（如一般不超过 60 ℃）；三是通过透平油进行液压和作为各液压控制阀的传动动力。如果机组封油也采用透平油，那么它还起着密封作用。

机组对透平油的质量有着严格的要求，以 N46 透平油为例，主要有以下五项指标。

（1）黏度

黏度是判断透平油流动性的标准，以动力黏度作为测定单位，常用透平油黏度为 41～45 mm^2/s（40 ℃）。黏度过大轴承易发热，过小使油膜破坏。油质恶化时，黏度增大。

（2）酸价

酸价表示油中含有酸分的多少，以每一克油需要多少毫克氢氧化钾才能中和来计算。新油酸价不大于 0.102（KOH）mg/g。油质劣化则酸价上升。

（3）酸碱性反应

这是指油呈酸性或碱性。良好的透平油应呈中性。

（4）抗乳化度

这是指油能迅速和水分离的能力，良好的透平油与水分离的时间应不大于 15 分钟。油中含有有机酸时，抗乳化度就下降。

（5）闪点

闪点是透平油蒸汽可以点燃的最低温度，因汽轮机温度高，故透平油的闪点应不低于 180 ℃。

此外油的透明度、凝固点和机械杂质都是判断油质的指标。

轴承上的润滑油膜是怎样形成的？影响油膜的因素有哪些

油膜的形成主要是由于油有粘附性。轴转动时将油粘在轴与轴承上，由间隙大到小处产生油楔，使油在间隙小处产生油压，由于转速的逐渐升高，油压也随之增大，并将轴向上托起。

影响油膜的因素很多，如润滑油的黏度、轴瓦的间隙、油膜单位面积上承受的压力等，但对一台轴承结构已定的机组来说，最主要的因素就是油的黏度。因油质劣化，造成油的黏度上升或下降，都可能使油膜被破坏。

润滑油箱为什么要装透气管

油箱透气管能排出油中气体和水蒸气，使水蒸气不在油箱凝结，保持油箱中压力接近于零，使轴承回油顺利流入油箱。如果油箱密闭，那么，大量气体和水蒸气就会在油箱中积聚进而产生正压，使回油困难，造成油在轴承两侧大量漏出，同时也使油质劣化。

轴承进油管上的节流孔起什么作用

轴承进油管都装有节流孔，一般都装在下瓦上。通过节流孔可控制进油量，使油温升维持在 12～15 ℃，以保证轴瓦正常工作。

为什么机组启动时润滑油温不能低于 25 ℃，升温不能低于 30 ℃

透平油的黏度受温度影响很大，当油温过低时，油的黏度很大，会使油分布不均匀，增加摩擦损失，甚至造成轴承摩擦，所以启动时油温规定不得低于 25 ℃。升速时摩擦损失随转速增加而增加，所以对润滑要求更高，因此油温要求更高一些，不能低于 30 ℃。

机泵

离心泵的工作原理是什么

在泵内充满液体的情况下，叶轮旋转产生离心力，叶轮槽道中的液体在离心力的作用下甩向外围，流进泵壳，使叶轮中心形成真空，液体就在大气压力的作用下，由吸入池流入叶轮，这样液体就不断地被吸入和打出。在叶轮里获得能量的液体流出叶轮时具有较大的动能，这些液体在螺旋形泵壳中被收集起来，并在后面的扩散管内把动能变成压力能。

螺杆泵的工作原理是什么

由两个或三个螺杆啮合在一起组成的泵称为螺杆泵，螺杆泵的工作原理是螺杆旋转时，被吸入螺丝空隙中的液体由于螺杆间螺纹的相互啮合受挤压，沿着螺纹方向向出口侧流动。螺纹相互啮合后，封闭空间逐渐扩大形成真空，将吸入室的液体吸入，然后挤出。

活塞泵的工作原理是什么

利用活塞的往复运动来输送液体的设备称为活塞泵，活塞泵的工作原理：在活塞往复运动的过程中，当活塞向外运动时，出口逆止门在自重和压差作用下关闭，进口逆止门在压差的作用下打开，将液体吸入泵腔。当活塞向内开压时，泵腔内压力升高，使进口逆止门关闭，出口逆止门开启，将液体压入出口管道。

喷射泵的工作原理是什么

利用较高能量的液体，通过喷嘴产生高速液体后形成负压来吸取液体的装置称为喷射泵。

喷射泵的工作原理是利用较高能量的液体，通过喷嘴产生高速度，裹挟周围的流体一起向扩散管运动，使接受室中产生负压，将被输送液体吸入接受室，与高速流体一起在扩散管中升压后向外流出。

离心泵有哪些种类

离心泵按工作叶轮数目可分为单级泵、多级泵；按工作压力可分为低压泵、中压泵、高压泵；按叶轮进水方式可分为单吸泵、双吸泵；按泵壳结合缝形式可分为水平中开式泵、垂直结合面泵；按泵袖位置可分为卧式泵、立式泵；按叶轮出来的水引向压出室的方式可分为蜗壳泵、导叶泵。

离心泵由哪些构件组成

离心泵的主要组成部分有转子和静子两部分。

转子包括叶轮、轴、轴套、键和联轴器等。

静子包括泵壳、密封设备（填料筒、水封环、密封圈轴承、机座、轴向推力平衡设备）等。

什么是泵的特性曲线

泵的特性曲线就是在转速为某一定值时，流量与扬程、所需功率及效率间的关系曲线，即 Q–H 曲线、Q–N 曲线、Q–η 曲线。

什么是泵的扬程

扬程就是单位重量液体通过泵后所获得的能量，用 H 表示，单位为 m。

什么是泵的流量

单位时间内泵提供的液体量为泵的流量。有体积流量，单位为 m³/s。有质量流量，单位为 kg/s。

什么是泵的转速

转速为泵每分钟的转数，用 n 表示，单位为 r/min。

什么是泵的轴功率

泵的轴功率即原动机传给泵轴上的功率，用 P 表示，单位为 kW。

什么是泵的效率

泵的效率即泵的有用功率与轴功率的比值，用 η 表示，它是衡量泵在水力方面完善程度的一个指标。

什么是泵的工作点

泵的 $Q-H$ 特性曲线与管道阻力特性曲线的相交点，就是泵的工作点。

泵的工作点取决于泵的特性和与之相连的管道特性。管道特性取决于管道的阻力损失、管道的直径、泵的出口阀门开度和所供液体的输送高度等。

什么是泵的比例定律

当转速变化时，流量与转速成正比，扬程与转速的平方成正比，功率与转速的立方成正比，这个关系式称为离心泵的比例定律。

什么是泵的允许吸上真空高度

泵的允许吸上真空高度就是指泵入口处的真空允许数值。规定泵的允许吸上真空高度是因为泵入口真空过高时，泵入口的液体就会汽化，产生汽蚀。

往复泵由哪几部分构成

液缸部分：主要有液缸及缸体、活塞、活塞杆、活塞环、盘根箱等。

汽缸部分：主要有汽缸及缸体、活塞杆、活塞环、盘根箱等。

配汽系统：主要有配汽室、配汽滑阀等。

其他部分：包括汽缸之间的连接件，两缸活塞杆的联结器，泵支座等。

冷热油泵有何区别

（1）温度，介质温度低于 200 ℃为冷油泵，高于 200 ℃为热油泵。

（2）热油泵需注封油，冷油泵不用。

（3）热油泵材质为碳钢、合金钢，冷油泵材质一般为铸铁。

（4）热油泵支座需冷却，冷油泵不用。

（5）热油泵需预热，冷油泵不用。

通过改变离心泵的特性来调节泵的方法有哪几种

主要方法有以下四种：改变泵的转速，泵的流量和扬程均随泵的转速变化而变化；改变叶轮直径，叶轮直径的大小对泵的流量扬程均有影响，所以对叶轮进行切削或更换，叶轮可以改变泵的特性；改变泵的级数，对于多级离心泵，减少叶轮的数量，即改变叶轮的级数，可以使泵的扬程降低、泵耗减小；堵塞叶轮入口的部分通道使泵的流量减小。

对离心泵的选用应注意哪些问题

介质黏度（在输送温度下）一般不宜大于 $650 \ mm^2/S$，否则泵的效率会降低很多；要求小流量，高扬程时不宜选用离心泵；介质中分解或带有气体时，不宜选用离心泵；要求流量变化大，扬程变化小者应选用 $Q-H$ 曲线较平坦的泵，要求流量变化小扬程变化大者应选 $Q-H$ 曲线较陡的离心泵。

机械密封是如何实现的？有什么优缺点

机械密封是由固定在泵体上的静环和随轴转动的动环直接紧密接触做相对运动来达到密封的目的，它适用于一切转动设备的泵体与转动轴体的密封。优点：密封性能好，使用寿命长，功率消耗小。缺点：构造复杂，价格高。

填料密封是如何实现的？有何优缺点

填料密封是在泵体与轴之间的环形空间内塞入浸有石墨粉或润滑的石棉绳（即盘根）以达到密封的目的。优点：结构简单，便于检修。缺点：密封性能差，寿命短，更换频繁。

静止设备

闸阀由哪些零部件组成

闸阀由手轮、阀杆、阀柄、阀体、阀盖、填料及填料压盖等组成。

管道连接的方式有哪几种

管道连接有螺纹连接、法兰连接、插套连接、焊接几种。

炼油厂的设备可分为哪几类

炼油厂的设备可分为炉类、塔类、反应设备类、冷换设备类、储罐类和机泵类六大类。

常用阀门按形状和构造可分为哪几类

常用阀门按形状和构造可为以下几类：闸阀、球阀、蝶阀、旋塞阀和针形阀等。

浮头式换热器的主要部件有哪些

复投式换热器主要部件有：管束（芯子）、管箱、浮头、壳体、折流板（挡扳）等。

塔板有什么作用

塔板的作用是提供汽、液两相充分接触进行传质传热的场所。

简述水力除焦的基本原理

水力除焦的基本原理为由高压水泵输送的高压水，经上水线、水龙带、钻杆到水力切焦器喷嘴，由切焦器喷嘴喷出的高压水形成高压射流，利用高压射流强大的冲击力将石油焦切割下来。钻杆不断地升降和转动，直到把焦除完为止。

浮阀塔有哪些优缺点

优点：浮阀塔效率高，操作弹性大，能较好地适应进料量变化；气体搅动好，雾沫夹带少，传质好等。缺点：蒸汽沿着上升蒸汽孔的周围喷出，仍有液体逆向混合，因而降低传质效率。

简述设备腐蚀的类型及其改进措施

设备腐蚀的类型有化学腐蚀、电化学腐蚀、冲蚀。改进措施：（1）选择合理的工艺流程和工艺参数；（2）使用耐腐蚀材料、涂料和衬里；（3）选择合理结构，降低流速；（4）选用阴极保护或阳极保护；（5）使用中和剂缓蚀剂或喷涂耐腐蚀材料。

管道定期检定的标准是什么

管道定期检定的标准是：管子、管件、阀门、法兰、螺丝有无腐蚀磨损、变形裂纹和伸长等问题。

安装盲板应注意哪些问题

在进行检修之前，应用盲板将封闭的设备与它连接的出入管线截断，使操作的设备与检修的设备完全隔离，这种盲板必须保证能耐受管路的工作压力，否则需将管路拆卸一节，或在盲板与阀门之间安设放空管及压力表，并派专人看守，避免由于阀门漏气而使管内压力逐渐升高，将盲板压碎。

何为管路机械共振

由管子、管件构成的管路本身也是一个弹性系统，只要在管道上有激振力作用就会引起管道机械振动，当存在气流脉动时，由于压力的脉动变化，在管道拐弯处就会有周期性的激振力作用，造成管路振动，当激发主频率与管道固有频率相同时，则发生管路机械共振。

什么是压力容器？压力容器的安全附件有哪些

广义上的压力容器是指能承受一定介质压力的密闭容器，另外我国除规定压力的下限值为 1 个表大气压和容积下限值为 25 L 以外，还规定了容器容积和工作压力乘积的下限值为 200 L·atm。压力容器安全附件有：安全阀、压力表、爆破片、液面计、测量仪表。

简述阻火器的作用和原理

阻火器的作用是：防止炉火沿燃料气管线回火引起燃料气系统的火灾、爆炸事故。其原理是：阻火器内装满了黄铜金属网，当火焰进入阻火器时，由于金属网导热系数高，吸热分散热量，使温度降低，火焰熄灭，从而起到阻火作用。

限流孔板的作用及原理是什么

限流孔板的作用是限制流体或降低流体的压力。流体通过孔板时会产生压力降，通过孔板的流量随着压力降的增大而增大，当压力降超过一定值时（即临界压力降），流量不会再上升。

第二篇
实际技能部分

工艺部分

焦化部分

加热炉系统

什么叫管式加热炉

在石油化工厂装置内所用的加热炉都是通过管子将油品或其他介质进行加热的即管式加热炉。为简化起见，通常称加热炉或炉子。

什么叫自然通风加热炉

利用烟囱的抽力吸入燃烧空气并将烟气排出的加热炉称为自然通风加热炉。

什么叫强制通风加热炉

燃料燃烧所需要的空气是用通风机送入，而烟气则通过烟囱抽力排出的加热炉称为强制通风加热炉。

什么叫负压加热炉

利用引风机排除烟气、维持炉内负压、吸入燃烧空气的加热炉称为负压加热炉。

什么叫抽力平衡加热炉

用通风机送入空气，并用引风机排出烟气的加热炉称为抽力平衡加热炉。

什么叫导热

导热是指由于物体各部分直接接触而发生的热量传递。

什么叫对流传热

对流传热是指借液体或气体质点互相变动位置的方法将热量自空间的一部分传到其他部分。

什么叫辐射传热

辐射传热是指由电磁波来传播能量的过程。

什么叫加热炉的辐射室

加热炉的辐射室是指在加热炉内，主要靠辐射作用将燃烧器产生的热量传给辐射盘管内油品的那一部分空间。

什么叫加热炉的对流室

加热炉的对流室是指在加热炉内，主要靠对流作用将燃烧器发出的热量传给对流盘管内油品的那一部分空间。

什么叫烟气

烟气是指包括过剩空气在内的燃烧产物。

什么叫燃烧器

燃烧器是一种将燃料和空气按照所需混合比和流速在湍流条件下集中送入炉内，确保和维持点火及燃烧条件的部件。

什么叫吹灰器

吹灰器是利用喷射蒸汽或空气去清扫炉管表面灰尘的一种器具。

什么叫集合管

集合管是指用于收集从多管程来的流体或将流体分配到并流的多管程中去的管子。

什么叫挡板

挡板是一种调节烟气或空气体积流量、改变阻力的部件。

什么叫保温钉

保温钉有时称为背固件，它是用金属或耐火材料制成的固定耐火材料和保温材料的一种零件。

什么叫一次空气

一次空气是指在总燃烧空气中，首先与燃料混合的那部分空气。

什么叫二次空气

二次空气是指为了补充一次空气的不足，向燃料供给的辅助空气。

什么叫加热炉的热负荷

加热炉的热负荷是指在每小时内，炉管内被加热的介质所吸收的热量。

什么叫炉管的表面热强度

在 1 小时内，1 m² 炉管表面积所吸收的热量，叫炉管表面热强度，用 W/m² 表示。

什么叫燃料的高热值

燃料的高热值是指每千克燃料在燃烧后所放出的热量加上烟气中水蒸气冷凝放出的热量。

什么叫燃料的低热值

燃料的低热值是指每千克燃料在燃烧后所放出的热量。

加热炉是如何分类的

目前加热炉的分类在国内外均无统一的划分方法，习惯上最常用的有两种：一种是从炉子的外形上来分，如箱式炉、斜顶炉、圆筒炉、立式炉等；另一种是从工艺用途上来分，如常压炉、减压炉、催化炉、焦化炉、制氢炉、沥青炉等。除以上划分之外还有按炉室数目分类的，如双室炉、三合一炉、多室炉等；按传热方法而分类的，如纯辐射炉、纯对流炉、对流-辐射炉等；按受热方法不同而分类的，如单面辐射炉及双面辐射炉等。

目前常用的加热炉有哪几种

目前常用的加热炉有圆筒炉、立管立式炉、卧管立式炉等。

目前常用的圆筒炉和卧管立式炉各有什么优缺点

（1）圆筒炉：目前，在我国石油化工厂用得最多的是圆筒炉，在加热炉总数中圆筒炉的数量约占 65%，该炉的优缺点如下。

① 优点：占地面积小；结构简单，设计、制造及施工安装均比较方便；炉子热负荷越小，采用该种炉型的优越性就越大，所以中小型炉子采用圆筒炉的较多。

② 缺点：不适用于热负荷大的加热炉；由于炉管是直立的，所以上下

传热不均匀，辐射炉管的平均热强度比卧管立式炉小。

（2）卧管立式炉：该种炉型目前常用在焦化装置上，其优缺点如下。

① 优点：由于炉管是水平放置的，故传热比较均匀，辐射炉管的平均热强度比圆筒炉大；烟气向上流动，阻力损失小，大大降低了烟囱的高度，不需要在炉外建烟囱。

② 缺点：结构比圆筒炉复杂；炉膛较小，易回火；辐射管加热面积小，热效率低；常用合金管架，造价比圆筒炉高。

加热炉的大小是用什么指标来决定的

加热炉的大小不是以直径和高度来决定的，而是以热负荷的大小来决定的。

加热炉为什么要分辐射室和对流室

（1）加热炉的辐射室有两个作用：一是作燃烧室；二是将燃烧器喷出的火焰、高温烟气及炉墙的辐射传热通过炉管传给介质。这种炉子主要是靠辐射室内的辐射传热，小部分靠对流室的对流传热，这只占整体传热的10%左右。

（2）对流室的主要作用是：让在对流室内的高温烟气以对流的方式将热量传给炉管内的介质。在对流室内也有很小一部分烟气及炉墙的辐射传热。如果一个加热炉只有辐射室而无对流室的话，则排烟温度很高，造成能源浪费操作费用增加，经济效益降低，为此，在设计加热炉时，通常都要设置对流室，以便能充分回收烟气中的热量。

加热炉的辐射室采用立管与水平管各有什么优缺点

立管的优点是高合金钢管架用量少占地面积小，缺点是气、液分离。有的厂发现介质下行，炉管易烧坏就是这个原因，所以焦化炉及减黏炉等一般都采用水平管。

水平管的优点是炉管内气、液流动均匀，不易分离；缺点是高合金钢中间管架用量多，炉外需留出抽管空间，占地面积大。

单面辐射炉管与双面辐射炉管有什么不同

单面辐射炉管是在辐射室内靠炉墙布置的炉管，它一面受火焰及高温烟气的辐射热，一面受炉壁的反射热。双面辐射炉管则布置在炉膛中间（一排或两排），两面受火焰及高温烟气的辐射。

双面辐射的单排管比单面辐射的单排管传热均匀，管子用量少，但炉子的体积大，型钢用量多，只有在炉管昂贵时才采用。双面辐射的双排管和单面辐射的单排管传热的均匀性几乎一样，不能误解为双排管的双面辐射比单排管的单面辐射优越。

加热炉的主要工艺指标是什么

（1）热负荷：它表示加热炉生产能力的大小。

（2）炉膛温度：加热炉的炉膛温度不能太高，一般控制在 800 ℃左右，但不是绝对的。炉膛温度高有利于辐射传热，但太高后会使炉管热强度高，容易使炉管结焦和烧坏。此外，进入对流室的烟气温度也会过高，使对流管易烧坏。因此，炉膛温度是确保加热炉长周期安全运转的一个重要指标。增加辐射管面积可以降低炉膛温度，但要求受热均匀适量。过多增加辐射管，处理量并不能与炉管成比例增加，反而会浪费钢材。

（3）炉膛热强度（或叫体积热强度）：当炉膛尺寸确定后，多烧燃料就必然会提高炉膛热强度。相应地，炉膛温度也会提高，炉管的受热量也就增多。一般管式加热炉的炉膛热强度为：在烧油时应小于 124 kW/m^3；在烧气时应小于 165 kW/m^3。

（4）炉管表面热强度：在一定热负荷下，炉管表面热强度越高，所需要的炉管就越少，炉子体积可减小，投资可以降低，所以要尽可能地提高炉管的表面热强度。但是，提高炉管的表面热强度也受到一定的限制，这是因为：

① 炉管热强度增加，管壁温度也会增加，靠近管壁处的油品就会因过热而裂解结焦，在结焦严重时，可能会引起炉管破裂。

② 在炉膛内，炉管各处受热是不均匀的，因为炉管面对火焰处直接受火焰辐射，而背对火焰处则只受炉墙的反射热，所以面对火焰处受热强度就比背对火焰处高；在管长方向，靠火焰近处比远处受辐射热要大；从全炉看，各根炉管离火焰距离也不一样，炉管受的辐射热也不一样。为了保证高热强度处的炉管不结焦、不烧坏，必须合理地选择炉管热强度，使炉管各处的受热尽量达到均匀。

为了使辐射炉管表面热强度比较均匀，一般可以采用以下方法：

① 尽量采用双面受辐射的炉管。单排炉管双侧见火，要比单侧见火受热均匀得多；双排炉管双侧见火也要比单排炉管单侧见火受热均匀些。

② 在圆筒炉内为减小沿炉管长度的受热不均匀性，要选择合适的辐射室高径比，同时要选择合适的燃烧器，燃烧器的火焰长度与炉管长度不能相差太大，如辐射管长为 15 m，则最好选用火焰长度为 12～13 m 的燃烧器，这样炉管上下受热趋向均匀。

③ 在立式炉内，有的在炉子侧面采用多喷嘴；有的在两排喷嘴间加花墙；也有在炉子上部加喷嘴，以上措施都是为了改善炉管受热均匀度。

（5）加热炉的热效率：热效率是衡量燃料消耗的指标，也是加热炉操作水平高低的指标之一。热效率越高说明燃料油的有效利用率越高，燃料耗量就越低。

（6）油品在管内的流速及压力降：油品在管内的流速不能太小，否则易使管内油品结焦而烧坏炉管。因为流速太低时，管内边界层厚度大，传热慢，管壁温度升高，油品在管内停留时间长。

油品在管内的流速也不能太大，因为太大时，压力降也大，而压力降受泵扬程的限制，故流速是根据允许的压力降而确定的。油品在炉管中的流速及压力降的大致范围如表 2-1 所示。

表 2-1　油品在炉管中的流速与压力降

序号	炉子用途	油品质量流速/（kg/m² · s）	压力降/Pa
1	常压炉	1 000~1 500	（6.9~4.7）×10⁵
2	减压炉	1 000~1 500（气化前）	（2.9~5.9）×10⁵
3	沥青炉	1 200~1 500	
4	减粘炉	1 400~2 000	（17.6~24.5）×10⁵
5	富油加热炉	1 200~1 700	（2~3.9）×10⁵
6	轻馏分重沸炉	1 200~1 700	（2.9~3.9）×10⁵

加热炉的压力降也是判断炉管是否结焦的一个主要指标。如果冷油流速未变，压力降增加，就是炉管结焦的象征。因为结焦后，炉管内径变小，油品的实际流速增加，压力降也就增加了。

燃料燃烧的热量是怎样传给管内油品的

加热炉在运行时，燃料燃烧所产生的热量通过管壁传给管内油品以供给油品升温气化所吸收的热量。

在辐射室的燃烧器所喷出的火焰（包括发光火焰和不发光火焰），对炉管起着辐射传热作用；而高温烟气在通向辐射室出口进入对流室时冲刷炉管，对炉管起着对流传热作用。炉管的管壁起着导热作用，把热量由炉管外壁传到内壁再传到油品。

从上面分析可以看出：在辐射室内炉管的传热有三种方式：辐射、对流和导热。在不同的部位，各由一种或几种传热方式起着作用。在几种传热方式起作用的场合，必有一种传热方式起着主导作用。在炉管外壁以火焰、烟气、炉墙的辐射传热为主，烟气的对流传热为辅。在辐射室的炉管以辐射传热为主，对流传热为辅。在对流室内，则以对流传热为主。

对流管热强度与哪些因素有关

对流管的热强度是根据管内及管外的各种数据计算出来的，影响对流传热系数的因素如下。

管外：烟气重量流速越大，外膜传热系数越高；对流平均烟气温度越高，外膜传热系数越大；对流管外径越小，外膜传热系数越高。

管内：介质的质量流速越大，内膜传热系数越高；介质的黏度越小，内膜传热系数越大。

对流管热强度虽然受管内及管外各种因素的影响，但管内为液体时，控制总传热系数的主要因素还是管外条件，管内条件影响不大。

什么叫加热炉的热效率

$$加热炉的热效率\ \eta = \frac{有效吸热量}{总放热量} \times 100\%$$

有效吸热量即为炉子的热负荷，总放热量一般为燃料的发热量，当炉子的热负荷不变时热效率越高则燃料用量越少。

提高加热炉的热效率有什么意义

全国炼油平均吨油总能耗约为 0.9～1 MW，占原油处理量的 8%～9% 左右；燃料油单耗约为 30～40 kg/t 原油，而加热炉能耗又占炼厂燃料消耗的 35% 左右。所以，提高炼厂加热炉的热效率可大量节约燃料用量，对减少能源消耗是非常必要的，也是十分有效的。

影响加热炉热效率的有哪些因素

影响加热炉热效率的主要有以下五个因素。

（1）炉子排烟温度越高，热效率越低。

（2）过剩空气系数越大，热效率越低。

（3）化学不完全燃烧损失越大，即排烟中的 CO 及 H_2 越多热效率越低。

（4）机械不完全燃烧损失越大，即排烟中的未烧尽碳粒子含量越多，热效率越低。

（5）炉壁散热损失越大，热效率越低。

提高加热炉的热效率有哪些措施

提高加热炉的热效率主要有以下措施。

（1）减少热损失

① 加强管理、制定合理的操作规程。

② 控制"三门一板"、降低炉子的过剩空气系数。

③ 采用自控系统、计算机操作。

④ 采用氧化锆表控制辐射室的氧含量。

⑤ 减少炉壁散热损失。

（2）利用对流室多吸收热量

① 对流室采用钉头管或翅片管。

② 设置吹灰器。

③ 增加对流管或适当加长对流管。

④ 对流室内壁采用折流砖。

⑤ 纯辐射炉加对流室。

（3）增设余热回收系统

① 采用回转式空气预热器。

② 对流室采用冷进料。

③ 增设固定式空气预热器——钢管、铸铁管或玻璃管。

④ 采用热管式空气预热器。

⑤ 采用循环式热载体预热空气。

⑥ 采用废热锅炉。

（4）其他方法

① 装设暖风器来预热燃烧空气。

② 采用强制送风或大能量高强度燃烧器。

③ 多烧炼厂废气消灭火炬。

什么叫"三门一板"

"三门一板"是指油门、汽门、风门和烟囱挡板。"三门一板"是加热炉操作方法的简称，即适当调节燃料油及雾化蒸汽的阀门，可以使各个燃烧器的火焰长短基本均匀，雾化良好。燃烧器风门或燃烧器的风道蝶阀与烟囱挡板的调节要互相配合。烟囱挡板开得太大，燃烧器风门或风道蝶阀开得过小，会使炉内负压过大、漏入空气量过多；挡板关得过小，风门或蝶阀开得过大，可能使炉内局部形成正压，使高温烟气漏出炉外。一般控制指标应使对流室入口负压为 $-2 \sim -4$ mmHg（$-20 \sim -40$ Pa）。

什么叫过剩空气系数 α

燃料在燃烧时需要氧气，在空气中氧气体积约占 21%，氮气约占 79%，所以燃料在燃烧时需要供给空气。1 kg 燃料油在燃烧时所需理论空气量（$\alpha=1$）约为 14.2 kg（11 Nm³）。在实际的加热炉中，由于从燃烧气进入的空气不可能全部都参与燃烧，另外也由于从炉子其他不密封处漏入了空气，所以实际进入炉内的空气量总是比理论空气量多，前者与后者之比叫作过剩空气系数，即：

$$\alpha = \frac{实际空气量}{理论空气量}$$

过剩空气系数 α 太大有什么害处

在加热炉的排烟温度一定时，α 大则排烟量大，因而通过烟囱排入大气的热量就多，这样就大大降低了炉子的热效率。例如：在排烟温度为 400 ℃时，α 由 1.3 提高到 1.7，炉子的热效率约下降 6%。

α 大还会加剧炉管的氧化腐蚀；提高烟气的露点温度，加大低温腐蚀范围；另外，还会促进 NO_x 的形成而加剧环境的污染。

减小过剩空气系数 α 应该注意什么问题

减小过剩空气系数虽然有许多好处，但一个重要的前提是：必须保证燃料完全燃烧。否则会加大化学不完全燃烧和机械不完全燃烧的损失，在表面上看来减少了α，提高了热效率，实际上加大了不完全燃烧热损失，炉子最终热效率并未得到提高，很可能燃料烧得更多了。

如何减小过剩空气系数

（1）全面堵漏，将没有点火的燃烧器、人孔门、着火门、防爆门、对流及辐射弯头箱等处的不密封处全部堵死，尽量减少炉内的漏风量。

（2）控制烟囱挡板使炉内既不出现正压，也不要负压过大。一般加热炉都不是根据正压条件设计及施工的，炉内出现正压会使高温烟气漏出加大热损失，还可能使炉外钢结构过热或烧坏，引起其他事故。炉内负压越大，空气漏入得越多。

（3）改进燃烧器，使用加工合格、性能良好的燃烧器，油枪安装的位置上下左右要适中，尽量能使从燃烧器进入的空气与燃料完全混合。使用强制送风燃烧器，提高进风流速，改善进风方式，也可以降低过剩空气系数。

（4）保证燃料油的黏度在合适的范围内。

加热炉的排烟温度一般是根据什么来确定的

加热炉的排烟温度一般是根据进入炉子的管内介质温度来确定的，如介质进入炉子的温度为 250 ℃，则炉子排烟温度一定高于 250 ℃才能将烟气热量传给介质。炉子排烟温度越高，烟气与介质之间的温差越大，则炉子对流管越省，但热效率越低。过去采用的排烟温度与入炉介质温度之间的温差大部分都在 100 ℃以上。由于燃料价格不断上涨，为了减少燃料用量，目前正在不断缩小这个温差值，有的设计采用了钉头管或翅片管，使该值缩小到 50 ℃。当采用余热回收系统时，最低排烟温度根据低温腐蚀条件决定。

炉壁散热对加热炉的热效率有什么影响

要准确计算炉壁散热损失是比较困难的，为简单起见，一般不进行计算，只是假定一个 2%～3% 的定值。圆筒炉的炉壁散热损失一般假定为 2%，如果有余热回收系统，不大于 3%。

降低炉壁温度可以减少散热损失并保证安全，但又提高了材料费用，因此，合理地确定炉子外壁温度，使两者兼顾是必要的。

低温露点腐蚀是什么意思？它与哪些因素有关

燃料在燃烧时，其中的氢（H_2）和氧（O_2）化合生成水蒸气（H_2O），而燃烧器大部分又采用蒸汽雾化，因而使炉子中的烟气带有大量的水蒸气。另外，燃料中的硫（S）在燃烧后生成二氧化硫（SO_2），其中少量的 SO_2 进一步又氧化成三氧化硫（SO_3），三氧化硫与烟气中的水蒸气结合生成硫酸（H_2SO_4）。含有硫酸蒸汽的烟气露点大幅度升高，当受热面的壁温低于露点时，含有硫酸的蒸汽就会在受热面上凝结成含有硫酸的液体，对受热面产生严重腐蚀。因为它是在温度较低的受热面上发生的腐蚀，故称为低温腐蚀。由于只有在受热面上结露后才发生这种腐蚀，所以又称露点腐蚀。露点温度的高低除与燃料中的含硫量有关外，还与过剩空气系数和三氧化硫的生成量等因素有关。炉膛温度越高、过剩空气越少，则燃烧中的硫生成的 SO_2 被氧化成 SO_3 的份额就越小，露点温度越低。一般资料上提供的露点温度与燃料含硫量的关系并不完全相同就是这个原因。根据我国燃料的含硫量露点温度一般在 105～130 ℃ 范围内。有条件时，在现场最好利用露点温度进行实际测定。

在操作过程中，如果受热面与烟灰接触面的壁温低于露点，除产生腐蚀外，还会使烟灰附着在受热面上，这种黏性积灰很难用一般吹灰的方法除去。积灰的存在不但影响了传热效果，增加了烟气侧的流动阻力，还会加剧腐蚀，严重时金属腐蚀物和积灰还会堵塞通路。因此，在烧含硫燃料时，采取措施使与烟气接触的金属温度高于露点是十分重要的。

另外，影响腐蚀速度的因素有硫酸的浓度和壁温。浓硫酸对钢材的腐蚀速度很低，而当浓度为 50%左右时硫酸对碳钢的腐蚀速度最大。对壁温来说，温度高时，化学反应速度较快，腐蚀速度加快。所以由于各个低温部位硫酸浓度和壁温不同，腐蚀速度是有差别的。

减少低温露点腐蚀最重要的是使管壁或加热元件的壁温高于露点，或采用耐腐蚀材料。提高壁温可以通过提高管外或管内的介质温度来达到，如低温油进料的入炉温度应在 100 ℃以上，空气预热器应采用热风循环，或利用其他介质将入口空气温度提高到 60 ℃以上，另外减少过剩空气，低温部位采用可拆卸式结构等也是经常使用的有效措施。

如何考虑炉管壁厚的使用寿命

炉管壁厚的使用寿命按以下情况考虑。

（1）长期开工大于 8 000 小时/年，按 10 万小时设计。

（2）开工 6 000～8 000 小时/年，按 8 万小时设计。

（3）间隙开工，按 2～4 万小时设计。

如何考虑炉管的腐蚀裕量

在没有相应腐蚀数据的情况下，炉管的最小腐蚀裕量按以下选用。

（1）用于烃加工，碳钢和铁素体钢为 3 mm。

（2）用于烃加工，奥氏体合金钢为 1.5～3 mm。

（3）用于蒸汽，铁素体合金钢为 1.5 mm。

什么叫翅片管

为了提高对流管烟气侧的传热系数，在对流管的外壁上焊接一定数量一定规格的翅片，这种焊有翅片的炉管称为翅片管。

翅片管有什么作用

加热炉的对流炉管采用翅片管，其主要作用是扩大加热面积，提高加热炉的热效率。

翅片管使用的条件是什么

翅片管使用的条件是：烟气温度不得低于 380 ℃，加热一般只能烧气。当烧重油时，翅片间距不能小于 2 片/25 mm，烧污油或高黏度渣油的加热炉不能用翅片管。

看火门有什么作用

看火门的作用是用来观察辐射室内燃烧器燃烧的火焰颜色、形状及长短；此外，还用来对炉管、弯头、拉钩、吊钩、热电偶、炉墙、炉顶衬里、炉底衬里、火盆砖等进行观察，检查在运行中是否有烧坏或变形等异常现象。

防爆门有什么作用

加热炉在正常操作中是不会发生爆炸事故的，一般炉子爆炸事故大部分都是在开工点火期间发生的。在未点火前，由于燃料瓦斯阀门关不严，或多次点火未点着，而使炉膛内存有可燃气体时，在点火中就容易发生爆炸。在这种情况下炉膛压力将防爆门推开泄掉一部分炉内压力，以减轻炉子的损失。但是，有防爆门的炉子，并不能完全避免在炉内发生爆炸后炉体的损失。国内石油化工厂的加热炉曾发生过炉内爆炸，使炉子严重损坏。所以必须严格执行操作规程，在点火前及时用蒸汽吹扫炉膛，在点火时如未点着也必须及时吹扫，这是防止炉内爆炸的最根本的、最有效的防爆措施。另外，炉管在操作中爆裂，大量油品流入炉膛也会引起爆炸，所以定期检查炉管壁厚，并在操作中按时观察也是十分重要的。

燃料燃烧必须具备哪些条件

燃料的燃烧必须具备两个条件：一是空气（氧气）；二是火源或者温度，这两个条件缺一不可。

在瓦斯管线上安装阻火器的目的是什么

不论高压瓦斯或低压瓦斯，在正常操作下，只要在瓦斯管道内不混入空气而瓦斯又有一定压力喷出时，火焰是不会回到瓦斯管道内去的，但在开、停工时，若瓦斯管道内存有空气，或在法兰松动及阀门失效时有空气漏入管内，有可能引起火焰回到管内，并蔓延到整个管网及设备内而引起爆炸，因此，在瓦斯管网上必须装阻火器。在瓦斯管网上一般采用的是多层铜丝网或阻火器，由于铜丝网散热降温，使火焰不至于向另一侧蔓延。防止回火也可以采用水封式阻火器。

加热炉常用的吹灰器及其优缺点是什么

从吹灰方式来说加热炉常用的吹灰器有两种：一种是电动固定旋转式吹灰器；另一种是长伸缩式吹灰器。

（1）电动固定旋转式吹灰器：这种吹灰器的吹灰管一直放在炉内，沿其长度方向设置有蒸汽喷孔，以蒸汽为介质，在工作时吹灰管由电机带动旋转，蒸汽从喷孔喷出，吹扫加热炉对流管外表面上的积灰。这种吹灰器体积小、重量轻、制造比较简单、造价低。缺点是：吹管一直位于炉内，易烧坏或变形而影响正常运转。一般适合在烟气温度低于 600 ℃的部位使用。

（2）长伸缩式吹灰器：该种吹灰器的特点是吹灰管可以伸缩，在吹灰时伸入炉内。吹灰管头部有喷口，边前进边旋转、边吹灰，吹灰完毕后又退出炉外，因此吹灰管不易烧坏变形。其缺点是：结构复杂、造价高，炉外需设置长的导轨和平台，它一般适合在烟气温度高于 600 ℃的部位使用。

在什么情况下对流室必须装吹灰器

当加热炉对流室的炉管为光管时，不装吹灰器；当对流管为钉头管或超片管时，不管燃烧器是烧什么燃料的，对流室都必须装吹灰器。

烟囱有什么作用

加热炉的烟囱有两个作用：一是将烟气排入高空，减少地面的污染；二是当加热炉采用自然通风燃烧器时，利用烟囱形成的抽力将外界空气吸入炉内供燃料燃烧。

烟囱为什么有抽力

烟囱之所以有抽力，是由于烟囱内的烟气温度比外界大气的温度高得多，也就是说内烟气的密度比外界大气小，所以就像氢气球一样，烟囱内的烟气自然会上升。当烟囱内的烟气向上升时，下部就形成负压（抽力），由于外界空气的压力比炉内高所以空气就吸入炉内。烟气向上流动经过的辐射和对流室，本身虽然不是烟囱，但里面充满了高温烟气，其作用和烟囱是相同的。

烟囱的抽力与哪些因素有关

烟囱的抽力与烟囱的高度，烟囱内高温烟气的密度、温度及外界大气的密度、温度有关，用下面的公式来表示：

$$\Delta P = 9.8(\rho_{外} - \rho_{内})$$

式中：ΔP——烟囱的抽力（Pa）；

$\rho_{外}$——烟囱外部大气的密度（kg/m^3）；

$\rho_{内}$——烟囱内部烟气的密度（kg/m^3）。

烟囱的抽力 ΔP 与烟囱的高度和气体的密度差成正比，烟囱越高，抽力越大；气体密度差越大，抽力也越大。

在标准状况下（0 ℃和一个大气压）空气的密度 1.293 kg/m^3，所以烟囱的抽力可以用绝对温度表示：

$$\Delta P = 12.67 / h\left(\frac{273}{T_{外}} - \frac{273}{T_{内}}\right)$$

式中：$T_{外}$——烟囱外部大气的绝对温度；

$T_{内}$——烟囱内部烟气的绝对温度。

由上式中看出：当烟囱高度一定时，烟囱内外气体温度差越大，则抽力越大。

由于工艺条件的限制，烟气温度变化不会很大。而大气温度则随季节气候而变化，夏季气温高，不利于烟囱抽力，冬季气温低，有利于烟囱的抽力。在设计烟囱时，烟囱的高度应按最保险的夏季来决定，在工艺条件不变时，夏季应将烟囱挡板开大些，冬季关小些。

什么样的加热炉需要烘炉

凡是新建的加热炉，且炉墙采用的是耐火砖，或者是轻质耐热混凝土衬里的均要进行烘炉；如果旧炉子的炉墙进行了大面积的修补，修补所用的材料仍是耐火砖或者是轻质耐热混凝土衬里的，也要进行烘炉。新建加热炉的全部炉墙或者旧炉子的炉墙，所用材料为陶纤毡的不必进行烘炉。

烘炉的目的是什么

烘炉的目的是缓慢地除去炉墙在砌筑过程中所积存的水分，并使耐火泥得到充分的烧结。如果这些水分不去掉，由于在开工时炉温上升很快，这些水分将急剧蒸发，造成砖缝膨胀产生裂缝，严重时会造成炉墙倒塌。

烘炉的炉管内通入什么介质？炉管出口温度不超过多少度

在烘炉时炉管内通入蒸汽，炉管内蒸汽出口温度根据炉管材质不同而产生差异：10 号、20 号钢不超过 400 ℃，Cr5Mo 炉管不超过 500 ℃。

烘炉时用哪个部位的热电偶来控制炉膛温度

在烘炉时，用辐射出口部位的热电偶来控制炉膛温度。

烘炉时炉膛温度按什么曲线进行控制

加热炉在烘炉时按下图烘炉曲线（见图 2-1）进行控制。

烘炉前需要做好哪些工作

加热炉在烘炉前，必须做好以下工作：

（1）加热炉工程全部完毕并经检查验收。

（2）安全设施、卫生条件达到要求。

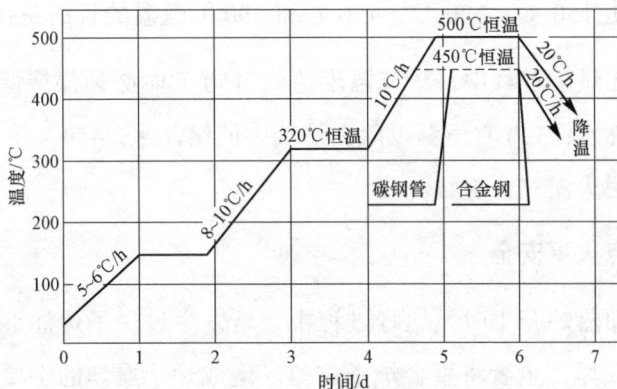

图 2-1　烘炉曲线图

烘炉应按哪些步骤进行

加热炉在烘炉时，应严格按照以下步骤进行：

（1）烘炉前应先打开全部人孔、看火门、防爆门、开启烟囱挡板自然通风 5 天以上，然后开始点火烘炉。

（2）开始烘炉时，烟囱挡板开启 1/3 左右，待炉膛内温度升高抽力增加时，再稍开烟囱挡板。

（3）炉管内通入蒸汽开始暖炉，当炉膛温度升到 130 ℃时，即可点燃火嘴，继续烘炉。

（4）烘炉时应尽量采用瓦斯燃料，火嘴应对角点火。

（5）在烘炉过程中温度均匀上升，升温和降温速度应按烘炉曲线进行，并经常观察炉墙情况。

（6）在烘炉过程中应做好记录，烘炉后应画出实际烘炉曲线。

（7）炉膛以 20 ℃/h 的速度降温。当炉膛温度降到 250 ℃时，熄火焖炉降到 100 ℃时进行自然通风。

（8）烘炉完毕后应对炉子进行全面检查，如发现缺陷等应进行处理。衬里的裂纹宽度大于 3 mm，深度超过 5 mm 者应进行修补，有空洞和钢板分离者应彻底修补。

在烘炉曲线上 150 ℃、320 ℃、450 ℃和 500 ℃恒温的目的是什么

加热炉在烘炉过程中，炉膛温度达到 150 ℃时必须保持恒温，以除去炉墙中的自然水；320 ℃恒温以除去炉墙中的结晶水；450 ℃和 500 ℃恒温使炉墙中的耐火泥充分烧结。

燃烧器如何点火更安全

在过去加热炉开工时及运行过程中，曾发生过炉子爆炸事故，轻者将炉子的部件损坏，重者将整台炉子炸掉。造成炉子爆炸的主要原因，是燃烧器点火时，燃烧器刚点着又熄火，或者燃烧器未点着而油或瓦斯已进入炉内，司炉工未进行蒸汽吹扫，又接着点火，造成炉膛内瓦斯爆炸。炉子在运行过程中发生爆炸是由于空气不足，瓦斯燃烧不完全。炉膛烟气中瓦斯达到一定的浓度后即会爆炸。这种情况常发生在强制通风的加热炉中，如在 1982 年武汉石油化工厂常减压装置的减压炉发生爆炸，就是由于通风机的入口挡板开度太小，进炉空气量不足，致使瓦斯燃烧不完全，造成炉子爆炸。为了防止炉子爆炸事故，必须做到以下三点：

（1）燃烧器在点火时未点着，但是油或瓦斯进入炉内，这时司炉工必须立即关闭油阀或瓦斯阀，然后往炉膛内吹蒸汽，待烟囱见汽后再重新点火。

（2）燃烧器在点火时虽点着但又熄火，司炉工应立即关闭油阀或瓦斯阀然后往炉膛内吹蒸汽，待烟囱见汽后再重新点火。

（3）炉子在运行过程中如发现燃烧器空气不足应立即查明原因，及时处理。首先检查控制空气进炉的蝶阀开度是否合适，如开度太小，应立即开大到合适的程度，使燃烧器的燃料能得到充分的燃烧。

燃烧器烧瓦斯时的点火要求是什么

当燃烧器烧瓦斯时，点火的要求按以下步骤进行：

（1）将燃烧器的风门调到 1/3 开度，风门开度太大不好点火，在燃烧器点着以后，再把风门调到适当的开度；当燃烧器设置有风道或隔音罩时司炉工必须注意风门的开关方向。

（2）将油喷头通入适量的蒸汽，以保护油喷头。

（3）将已点燃的点火棒放在燃烧器的上端，人不能正视点火孔，身侧一边，面部勿直接对着燃烧器，以防止回火烧人。

（4）稍开一点瓦斯阀，待燃烧器点着以后，再调节瓦斯阀门，并根据燃烧的情况，适当调节风门或蝶阀的开度。

（5）火点着以后，司炉工不能马上离开炉子，以防燃烧器缩火。一旦灭火就应该立即关闭瓦斯阀，再往炉内吹汽，待烟囱见汽后再重新点火。

（6）燃烧器在使用时，要求对角点火，这样热量分布均匀。

（7）未烧火的燃烧器的风门或蝶阀必须关上，防止空气进入炉内，以节约燃料。

燃烧器点不着火的原因及处理办法是什么

燃烧器在点火时经常碰到点不着的情况，其原因较多，下面谈一谈主要原因及处理办法。

（1）燃烧器的风门开度太大或烟囱挡板的开度太大，造成进入炉内的空气量太多，在这种情况下燃烧器不易点着。其处理办法是：将燃烧器的风门开度及烟囱挡板的开度调小，待点着以后，再把风门及挡板调到合适的开度。

（2）当燃料油的压力大于雾化蒸汽的压力，这时燃烧器也不易点着。其处理办法是将燃料油压力调到比雾化蒸汽的压力小 98 kPa 左右。

（3）燃料油的压力或温度太低，应与有关单位联系，提高燃料油的压力或温度。

（4）高压瓦斯的压力或温度太低，应与有关单位联系提高瓦斯的压力或温度。

（5）燃料油含水太多，应与有关单位联系及时进行脱水。

（6）高压瓦斯含油含水太多，应与有关单位联系及时进行脱油脱水。

（7）蒸汽量太大而燃料油量太小，应关小蒸汽阀门，适当将燃料油阀门开大，以达到合适的油汽比。

什么叫回火和脱火

当空气与瓦斯的混合气体从瓦斯喷头流出的速度低于火焰传播速度时，火焰回到燃烧器内部燃烧，这种现象叫作回火。回火有时会引起爆振或熄火，长时间也可能烧坏混合室或发生其他事故。

当空气与瓦斯的混合气体从瓦斯喷头流出的速度大于脱火极限时，瓦斯离开喷头一段距离才着火，这种现象叫作脱火。脱火使火焰燃烧不稳定以至熄火。

如何防止瓦斯燃烧器的回火

要防止瓦斯燃烧器回火，就必须使空气与瓦斯混合物的流出速度大于火焰扩散速度。在瓦斯供应充足的条件下，调节燃烧器的风门或风道上的蝶阀，可以使空气与瓦斯混合物的流出速度大于火焰扩散速度，这样即能达到防止回火的目的。

如何防止瓦斯燃烧器的脱火

要防止瓦斯燃烧器脱火就必须避免气体混合物的出口流速过大，当发现脱火时，应减少瓦斯和空气送入量。

加热炉在点火之前需要做好哪些工作

加热炉在点火之前，必须做好以下工作：

（1）经过检修的炉管，必须检查是否合格，有无泄漏。

（2）检查管板、吊钩、拉钩是否牢固；炉墙和衬里是否脱落，炉膛及烟道内部有无杂质。

（3）检查烟囱挡板、调节机构、吹灰器、压力表、热电偶、燃烧器调风门、风道蝶阀等是否灵活好用。

（4）检查防爆门、防火门是否灵活好用，密封是否好用。

（5）检查灭火蒸汽管和其他消防设施是否好用。

（6）对燃料油管线、蒸汽管线、高低压瓦斯管线、伴热线等进行贯通试压确保无泄漏。

（7）用蒸汽贯通检查每个燃烧器是否好用，火嘴的一、二次风门是否灵活。

（8）将烟囱上的挡板开到 1/3 位置。

（9）往炉膛内吹蒸汽 5～10 min，直到烟囱见汽为止，以便赶走炉膛内的易燃气体。

（10）清扫炉区的杂物及易燃物。

（11）准备好点火棒、火柴、柴油等用具。

（12）在上述工作完成后，可以把燃料引进炉区，如果引的是燃料油，则放空见油关阀，将燃料油管线的拌热线打开。

如何判断加热炉操作的好坏

加热炉操作好坏，按照以下几方面来鉴别：

（1）介质总出口温度在工艺指标范围内。

（2）各路介质流量及温度必须均匀。

（3）各路炉管受热均匀，管内不结焦。

（4）燃料耗量低，热效率高。

（5）炉膛温度在工艺指标范围内。

（6）辐射室出口处负压在 −40～−20 Pa。

（7）火焰的颜色为橘黄色，火焰成形稳定。

（8）炉子烟囱不冒黑烟。

加热炉正常操作需要检查哪些项目

加热炉在正常操作时，必须按时检查以下项目：

（1）介质总出口温度、各路流量、温差及炉膛温度等是否符合工艺指标。

63

（2）辐射室出口的负压是否在 $-40 \sim -20\,Pa$。

（3）各个燃烧器的燃烧情况。火焰的形状及颜色是否合要求，火焰是否烧着炉管等。

（4）各个炉管是否有弯曲、脱皮、鼓包、发红、发暗等现象；注意检查回弯头堵头、出入口阀、法兰等处有无泄漏。

（5）检查火盆砖、吊钩、拉钩、炉墙、衬里等变化情况。

（6）燃料油压力、雾化蒸汽压力、瓦斯压力是否符合要求。

（7）高低压瓦斯罐要定时脱液，放空阀在脱完液后应立即关死。

（8）要经常检查炉膛内各点的温度变化情况，做到心中有数。

（9）炉子的防爆门、通风门、烟囱挡板、蝶阀调风门等不能随便打开，看火门在看完火后，应立即关闭。

影响炉出口温度变化的因素及解决办法是什么

（1）影响炉出口温度变化的因素主要有以下几个。

① 燃料油压力变化。

② 燃料油性质变化，如油的轻重不匀及带水等现象。

③ 瓦斯压力不稳。

④ 瓦斯带油。

⑤ 雾化蒸汽压力变化，如压力低、雾化不好，火焰变红发暗，喷嘴喷油量增加，炉膛温度上升，烟囱冒黑烟；如压力高，火焰颜色发白、火硬、变短，容易缩火、灭火。

⑥ 进料量及进料温度变化。

⑦ 进料性质变化，油轻，吸热量大，炉出口温度下降。

⑧ 仪表失灵，会造成烟囱冒烟，炉温升高或熄火。

（2）调节方法如下。

① 当燃料油、瓦斯及雾化蒸汽压力变化时，应与有关单位联系进行处理。

② 当进料量与进料温度变化时，应与有关单位联系平稳进料量，保证炉子进料流量、温度、性质稳定。

③ 高压瓦斯带油时，要联系有关单位脱油。

④ 调火时要小调，以免互相影响。

⑤ 喷嘴结焦要及时处理，喷嘴堵塞要及时修理。

⑥ 与仪表操作人员联系，一旦仪表失灵，应立即改成手动或控制阀走副线。

炉管结焦的原因及解决办法是什么

（1）炉管结焦的原因

① 火焰不均匀，使炉膛温度不均匀，造成炉管局部过热。

② 进料量变化太大或突然中断等。

③ 火焰偏斜烧炉管，造成局部过热。

（2）解决办法

① 保持炉膛温度均匀。

② 保持进料稳定，各路流量均匀，如发生进料中断应及时熄火。

③ 调节火焰，使火焰成形、稳定，不烧炉管。

炉管烧焦的步骤是什么

（1）首先在进料阀处给汽，烧焦罐见汽后，炉内才允许点火，给汽后，烧焦罐可给冷却水。

（2）加热炉炉膛点火升温速度为 50 ℃/h，升到 450 ℃恒温，在升温过程中要不断加大烧焦罐的冷却水量。如果烧焦罐口排灰量过大和有很多存油，升温速度应减慢，炉出口温度不大于 400 ℃。

炉管烧焦的操作要求是什么

（1）采用分路给风给汽，交替烧焦办法，一路烧完后再烧另一路。也就是将蒸汽停掉，然后立即给风，给适当风后，停止给风，立即开大蒸汽。

每一路都如此进行，直到烧尽为止。

（2）严格掌握好每次通风的时间。头几次一定要时间短，以 1～2 min 为宜。以后慢慢地加大给风时间，给风时间的长短根据每次给风后所排焦水的颜色来决定。如果水呈暗色，有时有明显焦粒或焦块，则给风应保持上次的时间和风量；如果排水颜色不黑，可以延长给风时间，加大给风量。

（3）给风烧焦后，要密切注意炉管的颜色，正常颜色为暗红色。如果是桃红色，说明温度过高，应适当减少空气量，加大蒸汽量，直到炉管由红色转成黑色。减压炉的炉管温度达到 560～570 ℃时会发红，要密切注意。

（4）由烧焦放空罐吹出的焦不大于 2 mm，太大易造成炉管堵塞，烧坏炉管。

（5）烧焦开始的炉膛温度为 450 ℃，烧焦后期常压炉温可以升到 480～490 ℃，但不超过 500 ℃，减压炉可达 570～590 ℃，但不能超过 600 ℃。

（6）判断烧焦是否干净，以炉膛温度是否达到烧焦上限为准，即常压炉 490 ℃，减压炉 590 ℃。开风后水的颜色不变黑，水略有铁锈颜色时，为基本烧干净。

（7）烧焦完后，关闭空气，改通蒸汽降温，降温速度在 400 ℃以前为 30 ℃/h 降到 400 ℃以后为 40 ℃/h，炉温降到 350 ℃时熄火。

（8）炉膛温度降到 300 ℃，炉管停止通蒸汽。有堵头的就拆卸堵头，检查烧焦效果。炉膛温度降到 250 ℃，打开烟囱挡板、人孔和看火门进行自然通风。

（9）回弯头在炉膛外面，因温度低，焦不易烧着，应在烧焦后用风动清焦器清焦。

炉管烧焦时应注意哪些问题

（1）常压炉的炉管材质为 10 号钢，其使用温度为 −40～475 ℃；减压炉的炉管材质为 Cr5Mo，使用温度为 -40～5 560 ℃。因此要严格控制好常压炉和减压炉的炉膛温度，不允许超高，过热蒸汽温度要低于 430 ℃。

（2）要经常检查烧焦罐的排水口，了解排焦情况，如果焦子下来很多，给风时间应缩短；反之给风时间应延长；要防止焦子下来太快，太快易堵塞管线，万一堵塞管线，应及时处理好，再继续烧。还要注意，管线振动不要太大。

（3）每次烧焦间隔在 10～15 min，保证足够通汽量，有利于提高烧焦效果，又可以避免焦块下来太大或炉管变形。

（4）在烧焦过程中，应该有专门人员负责调整火焰，每次做好给风给汽的操作记录，点火要均匀。

（5）必须保证足够的汽压（蒸汽压力＞0.98 MPa），风压（非净化风的压力＞0.39 MPa）和水压（新鲜水压力＞0.34 MPa）。

炉管在破裂前常出现哪些现象？如何处理

炉管在破裂前，一般要出现鼓泡或变形，当炉管的颜色出现桃红色时，司炉工要密切注意，如果情况恶化，则按正常停工处理。

炉管在破裂后常出现哪些现象？如何处理

（1）常出现现象

① 炉管在破裂以后，管内的油流入炉内着火，但由于空气不足燃烧不完全，造成烟囱冒黑烟。

② 由于管内的油流入炉内，造成炉管内介质的出口压力下降，介质的出口温度升高。

（2）处理办法

① 炉管破裂如果不大，按正常停工处理。

② 炉管破裂如果严重，按紧急停工处理。

加热炉进料突然中断如何处理

（1）现象：炉膛温度和炉出口温度急剧上升。

（2）处理办法

① 及时熄火。

② 查找原因，配合操作调节好进料量。

烟囱冒黑烟的原因及处理办法是什么

（1）原因

① 炉管烧穿。

② 仪表失灵，燃料油控制阀全开。

③ 瓦斯带油。

④ 烟囱挡板，一、二次风门及蝶阀开度不合适，造成缺空气，使燃料燃烧不完全。

⑤ 炉进料量突然增加。

（2）处理办法

① 炉管烧穿，如果不大，则按正常停工处理；如严重烧穿，则按紧急停工处理。

② 仪表控制失灵应，立即改为手动控制。

③ 如果瓦斯带油，应及时与有关单位联系处理。

④ 根据燃烧的情况，调节烟囱挡板、风门及蝶阀的开度。

⑤ 提降量要缓慢控制。

炉膛温度不均匀如何解决

（1）要使炉膛温度均匀，首先应保证各路进料量一致。

（2）各路的燃烧器个数应该一致。

（3）要调节好各路燃烧器的流量及火焰。

（4）经常检查校验各路热电偶指示是否正确。

正常停炉的步骤是什么

（1）在接到停炉的命令后，在降温前，计算好燃料油的库存量，根据需要收油，使停工后库存的燃料油为最好。

（2）如果是混烧瓦斯和燃料油，应提前停掉瓦斯，并处理好管线，以防止停炉后不好处理。

（3）根据装置降量、降温的要求逐渐停掉燃烧器，到剩下1～2个燃烧器时打开燃料油循环阀，但必须注意燃烧器前燃料油的压力不能过低。

（4）当装置进行循环时过热蒸汽排空。

（5）全部熄火后，燃烧器仍通汽，使炉膛温度尽快降低并将烟囱挡板全开。

（6）炉管不烧焦时，则停止燃料油循环，进行燃料油扫线。

（7）当炉膛温度降到 150 ℃左右时，将人孔门、看火门打开，以使炉子冷却。

紧急停炉的步骤是什么

（1）熄火。

（2）停止进料。

（3）向炉膛和炉管大量吹汽，过热蒸汽改放空。

（4）把烟囱挡板全打开。

（5）通知消防队和厂调度。

加热炉停工后需要检查哪些项目

（1）加热炉停工后，对容易结焦并装有检查弯头的炉管，首先打开弯头的堵头（人不能正对堵头），检查炉管和弯头的结焦情况，然后装好。

（2）检查完毕后，如盐垢较多，应打水清洗盐垢，如无盐垢，而结焦较严重时，上好堵头准备烧焦。

（3）加热炉的对流室如果有钉头管或翅片管，应检查它们的积灰情况，如积灰严重应进行蒸汽吹扫或水冲洗。

（4）检查燃烧器、炉管、配件、炉墙、衬里等是否完好，如有问题应及时处理。

在局部更换炉管时应注意哪些问题

由于操作不稳，或在检修时检查不详细，在生产操作中有时会出现炉管突然变形甚至破裂的情况，因此就必须进行抢修。在抢修时，为了争取时间，一般只做简单的处理，局部更换炉管。在局部更换时应注意以下要求：将被烧坏的部分从两端割掉，中间更换新管。在焊接新管时，可以把旧管底部的导向管先切掉或者把炉管拉钩拆开，使整根炉管离开炉墙约200～300 mm，以便焊接。在焊好并经检查合格后，再将导向管焊上或者把炉管拉钩装上。以上方法适用于立管式的加热炉。

在更换整根炉管时应注意哪些问题

在更换整根炉管时，首先从弯头外将管段割掉，修好坡口，炉管从顶部弯头箱盖板处穿入，先对好下口还是先对好上口由现场施工人员根据具体情况而决定。上下口焊好后必须进行检查，合格后再把导向管和炉管拉钩装上。

陶瓷纤维是一种什么材料？基本性能有哪些

陶瓷纤维简称陶纤毡，它是一种利用耐高温的耐火材料（如焦宝石）经电弧熔融后，用压缩空气喷吹而成的纤维状物质，又称为陶纤棉。利用陶纤棉可以制成各种陶纤制品。根据 Al_2O_3 国产陶纤毡可分为两种：含量为62%的和含量为45%的，前者使用温度为 1 150～2 000 ℃，后者为 1 000 ℃。

陶纤毡按其所用黏合剂的不同分为陶纤硬毡（黏合剂为磷酸铝）、陶纤软毡（黏合剂为乳胶、聚合铝、水玻璃、甲基纤维素、乳胶——磷酸铝复合黏合剂）和陶纤湿毡（黏合剂为硅溶胶）三种。根据陶纤毡的性能及加热炉的温度，炉壁热面层可以采用硬毡。

陶纤制品的尺寸为 600 mm×400 mm×20（10）mm

陶纤毡的基本性能如下：

（1）使用温度较高，可以到 1 000 ℃。

（2）陶纤毡的密度在 200 kg/m³ 以下（一般为 160 kg/m³），仅为轻质耐热衬里的 1/6～1/7。

（3）热容量仅为轻质耐热衬里和轻质黏土质耐火砖的 1/9。

（4）陶纤在高温下体积稳定残存收缩率很小，不需留收缩或膨胀缝，施工方便。

（5）导热系数小。在热面温度 600 ℃（平均温度 366 ℃）时导热系数为 0.078 W/（m·K）；900 ℃（平均温度为 551 ℃）时为 0.096 W/（m·K）；1 100 ℃（平均温度为 678 ℃）时为 0.125 W/（m·K），约为轻质黏土质耐火砖的 1/8、为轻质耐热衬里的 1/10。

（6）隔声效果好。陶纤覆盖层能降低频率小于 1 000 Hz 的高频噪声，也能吸收一些低频噪声。

（7）具有一定的拉伸强度。

（8）化学稳定性好。

（9）弹性较好（常温弹性 78%），易于运输和安装。

（10）具有较好的抗气流冲刷性能，能受住 30～50 m/s 的气流冲刷。

陶纤毡在使用时应注意哪些问题

（1）严禁将陶纤毡存放在露天。

（2）陶纤毡不能受潮和雨淋。

（3）严禁在陶纤毡上踩踏。

（4）陶纤毡在使用时，随用随开箱，轻取轻放。

（5）陶纤毡在施工时，严禁在炉墙上大面积涂刷高温黏合剂，应根据毡的大小，贴一块刷一块。

（6）严禁碰撞已贴好的毡子表面。

陶纤毡的最高使用温度是多少

国内目前生产的陶纤毡，长期使用的最高温度可以达到 1 000 ℃。

71

加热炉的炉墙外壁温度一般要求不超过多少度

为了减少加热炉辐射室及对流室的炉壁散热损失，要求加热炉的炉墙外壁温度不超过80℃。

加热炉热损失有哪几种

（1）排烟热损失。

（2）炉体散热损失。

（3）化学不完全燃烧热损失。

（4）机械不完全燃烧热损失。

影响加热炉出口温度波动的主要因素有哪些

（1）燃料温度变化。

（2）燃料压力变化。

（3）燃料量的变化。

（4）人为调节幅度过大。

（5）空气量及气候的变化。

焦炭塔系统

延迟焦化装置原料是什么

本装置设计加工原料有两种：一种为扶余原油和俄罗斯原油的减压渣油以及脱油沥青的混合原料；另一种为俄罗斯原油的减压渣油。

延迟焦化装置产品有哪些？分别有何去向

产品有干气、液化石油气、汽油、柴油、轻蜡油、重蜡油、焦炭。干气、液化石油气去脱硫装置进行脱硫后，干气并入厂燃料气管网。汽油、柴油去加氢装置进行加氢精制，精制后的汽油可作为制乙烯的石脑油，柴油直接调和出厂。轻蜡油、重蜡油去催化装置作为原料，焦炭作为化肥装置燃料，也可作为碳素电极的原料。

炉管线结焦现象及相应操作

现象如下：

（1）炉出口压差增大，入炉压力上升。

（2）出口温度热偶指标偏低、反应迟缓。

（3）操作条件不变，炉出口温度提不上去。

（4）炉膛温度显著升高。

（5）炉管呈粉红色、最后呈暗黑色，甚至脱皮，出现斑点。

（6）燃料气耗量增加。

结焦时的操作如下：

（1）加强火焰调整，严禁炉膛温度超标。

（2）对照焦炭塔入口温度，辐射段入炉压力等进行调整。

（3）在保证炉膛温度不超标的前提下，采取降量、降低循环比的方案维持生产。

（4）降量还不能维持生产，可请求进行停炉烧焦。

原料油性质对产品产量的影响

（1）原料比重越大，轻油收率越低。原料残炭值越高，焦炭收率越高，而液体收率降低。

（2）原料带水量偏大，会影响产品质量，使产品不合格。

焦炭塔赶空气的目的是什么

焦炭塔赶空气的目的是赶走焦炭塔内的空气，以防高温瓦斯与空气混合时发生爆炸。

焦炭塔换塔预热新塔时，对平稳操作的要求

油气预热新塔时，从焦塔顶部来的瓦斯量要减少，油气温度低于正常温度，此时分馏塔的温度有显著下降，蜡油出装置明显减少，同时影响分馏塔各部温度都有变化，如调整不及时可能造成柴油馏分过重，干点不合格。

老塔，小吹汽 40 min 或 1 h，水蒸气与油气从焦炭塔顶部逸入分馏塔，导致分馏塔汽速增加，汽相负荷增大，气体夹带许多液体进入上层塔板，产生雾沫夹带，降低了分馏塔效果，此时必须提前增加回流量降低分馏塔顶温度。

焦炭塔甩油干净的判断方法

（1）甩油泵出现抽空现象，泵往复次数突然加快，出口压力下降，并可听到泵膛内滑阀活动的声音。

（2）焦炭塔新塔温度上升，出入口温度接近 350 ℃。

（3）甩油管线无油品流动声。

（4）冷却槽出口温度下降。

焦炭塔放瓦斯的目的是什么

放瓦斯的目的是将老塔的高温油气从塔顶缓慢引至新塔。使两塔压力基本达到平衡，减小瓦斯循环时对系统造成的波动。

炉管结焦原因是什么

（1）炉膛温度变化大，受热不均，火焰太长扑向炉管，造成局部过热。

（2）辐射进料量和注汽量大幅度波动，辐射进料泵抽空，炉管内油品流速太低。

（3）原料油性质发生变化，循环比太小，原料油残炭值偏高。

（4）仪表指示不准或失灵等导致炉出口温度偏高。

（5）开工前，炉管清焦不彻底。

（6）开工过程中，分馏塔补油量大，温度高。

烧焦标准的判断方法

（1）烧焦过程中，检查炉管，炉管颜色由前至后依次全部由红变黑。

（2）烧焦罐冷却水颜色由黑色变棕色，最后变白色。

（3）全部通风后，出口温度下降。

烧焦时炉管呈桃红色是何原因？如何处理

（1）原因：炉管温度过高，说明管内燃烧剧烈。

（2）处理：应立即减少空气量，增加蒸汽量。

炉管结焦的判断方法

（1）炉出入口压差增大，火炉压力上升。

（2）炉出口热偶指标偏低，反应迟缓。

（3）操作条件不变，炉膛温度明显上升，炉出口温度提不上去。

（4）炉管由粉红色逐渐变黑，甚至脱皮出现斑点，炉膛耐火砖吊架由暖红变白。

（5）燃料耗量增加。

为什么焦炭塔油气预热前必须用蒸汽赶空气

焦炭塔除完焦后，塔内充满空气，含氧量高，如果不赶空气，直接改油气进行预热，易燃易爆气体与空气混合将达到爆炸极限，同时由于油气中部分较重组分的自燃点较低，容易自燃，若发生自燃就会引起塔内瓦斯起火爆炸。

焦炭塔赶空气步骤

（1）蒸汽脱水。

（2）改好流程，打开呼吸阀。

（3）给汽赶空气，呼吸阀见汽 10～15 min 后，关呼吸阀，赶空气完毕。

焦炭塔下塔门漏油着火原因及处理方法

原因：

1）垫片或钢圈质量不好。

2）给下门时，螺栓丝给的不紧，或螺栓受力不均。

3）塔内温度急剧变化，热紧不及时。

处理方法：

1）泄漏轻微时，用蒸汽掩护，热紧螺栓。

2）泄漏严重引起火灾时，必须及时向消防队报警，同时组织用蒸汽等灭火，在换塔后 20 min 以内，可切至原来老塔，新塔处理；若 20 min 以后时，可迅速降温 400 ℃以下，改到接触冷却塔，按紧急停工处理。

3）视情况也可以采取循环降温、降量方法处理。

生产中发生火灾的报警程序

拨打火警 119 电话，接通后要讲清起火的单位、地点、起火部位、着火原因、着火介质、火灾程度、姓名、电话号码，以便及时联系，尽快灭火。

在报警的同时，组织力量积极抢救，人到起火地点附近路口迎接消防车辆，使之迅速准确地到达火灾现场，投入灭火工作。

换塔基本条件

（1）塔底预热温度达到 320 ℃左右，塔顶温度达到 360 ℃左右。

（2）塔底无存油。

（3）进料线畅通。

（4）四通阀灵活好用。

焦炭塔的试压步骤

（1）流程：10 m 平台给汽→塔底进料线→新塔顶→16.5 m 放空。

（2）关闭塔顶安全阀的隔断阀。

（3）蒸汽脱水后，在 10 m 平台给汽，将塔内空气赶净。

（4）关闭放空阀，缓慢进行升压，至 0.23 MPa 后全面检查。

（5）试压合格后，开始撤压。

焦炭塔上门漏气着火原因及处理方法

原因：

（1）上门螺栓给的不均。

（2）钢圈槽内有异物。

处理方法：

（1）及时报警并组织用蒸汽等进行灭火。

（2）着火严重时，20 min 以内，可重新切回原老塔，由新塔紧急换塔，不具备条件时，可按紧急停工处理。

塔底门泄漏是哪些原因造成的

塔底门泄漏主要由以下原因造成：

（1）螺栓给劲不一致。（2）垫片损坏。（3）塔底门上下法兰接触面不平。（4）给门子忘记加垫片。（5）操作条件变化快。（6）超压超温。（7）接触面上的焦粒没清干净。

延长生焦时间对焦炭的挥发分有何影响

延长生焦时间，实质就是使生焦时间加长，反应进一步深化，焦床处于高温状态的时间加长，焦床中未反应的重质油进一步参与反应，因而可以降低焦炭的挥发分。

为什么烟道挡板不宜开得过大

（1）烟道吸力大，烟气温度高，损失能量大。

（2）对流室炉管表面热强度上升。

（3）对流管受热不均匀。

（4）易造成对流管结焦。

加热炉火焰调节的原则

（1）操作正常时，炉膛各部温度在指标范围内，以多火咀、短火苗，

77

齐火燃为原则。

（2）燃烧正常时，以炉膛明亮，火焰呈橘黄色，清晰明亮，不歪不散为准。

（3）严禁火焰调节过长，直扑炉管。

如何提高加热炉的热效率

（1）降低排烟温度。

（2）适当降低加热炉过剩空气系数。

（3）采用高效燃烧器。

（4）减少炉壁散热损失。

（5）设置和改进控制系统。

（6）加强加热炉的技术管理，提高操作水平。

烟气中氧含量过高的原因

（1）炉体不严。

（2）风门开度过大。

（3）烟道挡板开度过大。

（4）炉膛负压超高，使大量空气漏入炉内，造成烟气氧含量过高。

焦炭塔憋压的处理方法

（1）查清原因，采取有效措施，维持生产。

（2）当焦炭塔压力超高、压力撤不下来时，可改到接触冷却塔。

冷焦冷不下来的原因有哪些

原因有以下几个：给水不及时，冷焦水温过高，冷焦水泵出故障，给水线不畅通，拿油立管结焦。

空冷冻漏的处理

（1）确认漏处、管数、排数。

（2）甩掉一侧空冷，先关空冷的汽相和液相阀，后关出口阀。

（3）堵漏，拆两侧丝堵，钉楔子。

（4）投用，先打开出口检查，后打开入口阀。

影响分馏塔压力变化的主要因素

（1）气压机转数的变化。

（2）焦炭塔或老塔处理时的影响。

（3）炉温或注汽量变化。

（4）蜡油汽提量变化。

（5）处理量的变化。

（6）汽油回流带水。

（7）原料性质变化。

影响汽油干点如何处理

（1）加强塔顶温度控制，调整回流量，控制好汽油质量。

（2）塔顶压力、炉温和注汽量变化：稳定操作处，适当调整塔顶温度。

（3）回流带水：加强油水分离器，油水界面控制，调整塔顶温度。

（4）原料性质变化：根据汽油干点变化情况，调整塔顶温度。

（5）超负荷运转时：降低处理量。

造成炉管结焦有哪些因素

（1）局部过热受热不均匀，炉出口温度过高。

（2）辐射进料泵抽空或进料量大幅度波动造成炉温度波动大。

（3）注汽量小或中断。

（4）原料含硫、含盐等杂质多，易分解。

（5）烧焦不彻底，留有老焦。

（6）后路不畅通或焦炭塔压力太高造成渣油流速慢。

焦炭塔老塔给水操作法

（1）老塔给汽进行完毕，开始给小水，给水时，要慢慢开动给水阀门，特别注意塔内压力的变化，给水前，打开给水阀前排凝阀，排净空气后关排凝阀。

（2）给水过程中，如果发现压力较低，可逐渐加大给水量，给小水30 min后，改给大水冷焦。

（3）塔顶温度冷至 80 ℃时，停止给水，此时不能立即放水，要浸泡30 min后才能放水。

加热炉点火的准备工作

（1）清除炉膛内易燃、易爆物品。

（2）关好防爆门，看火孔。

（3）打开烟道挡板。

（4）打开自然通风孔。

（5）检查风机，并加油。

（6）封好人孔。

（7）关闭瓦斯火咀手阀。

（8）分析合格。

（9）向炉膛内吹汽。

（10）准备点火棒。

蜡油残炭的控制

影响因素：

（1）蜡油抽出量的变化。

（2）塔底液面、蜡油箱液面的变化。

（3）循环比的变化。

（4）焦炭塔换塔。

（5）中段温度、蒸发段温度、蜡油抽出温度的变化。

（6）仪表失灵。

处理方法：

（1）平稳蜡油的抽出量。

（2）平稳塔底液面。

（3）调整好循环比。

（4）焦炭塔换塔时及时调节。

（5）调整好各个温度。

（6）联系仪表处理。

影响液体收率的因素有哪些

影响液体收率的因素有：

（1）原料油性质变化。（2）炉出口温度变化。（3）循环比大小变化。（4）蒸发段温度变化。（5）系统压力变化。（6）油气入塔温度变化。（7）焦炭塔操作变动。（8）塔盘分离效果不好。（9）仪表故障。

装置提降量操作

（1）当装置提降量操作时，应做好与其他岗位的联系协调工作。

（2）确定焦炭塔换塔周期是否适合。

（3）调整产品冷后温度，使其符合工艺卡片要求。

石油火灾有什么特点

（1）燃烧速度快。

（2）火焰温度高。

（3）易发生爆炸，火势蔓延快。

（4）含水油品易发生突沸。

（5）燃烧猛烈阶段，扑救比较困难。

如何防止加热炉炉管破裂

（1）炉管不许有严重结焦。

（2）勤调整炉膛温度和炉出口温度。

（3）观察炉火燃烧状况。

（4）处理量不要太大。

（5）炉管材质要好。

（6）掌握好炉管使用时间，避免或减少炉管受腐蚀的几率。

如何调节汽油收率

（1）原料性质轻，收率高，反之则低。

（2）炉出口温度高，收率高，反之则低。

循环比大，收率高，反之则低。

（2）系统压力低，收率高，反之则低。

（4）汽油干点控制的高，收率高，反之则低。

（5）新塔预热平稳，收率高，反之则低。

（6）冷凝冷却效果好，收率高，反之则低。

（7）塔盘分离效果好，收率高，反之则低。

焦炭塔的生产工序

（1）新塔赶空气、试压。

（2）新塔油气预热。

（3）新塔甩油。

（4）老塔切换，新塔生焦。

（5）老塔吹小汽、吹大汽。

（6）老塔冷焦。

（7）老塔放水。

（8）交塔除焦。

炉出口温度对焦炭挥发分有什么影响

油品带入焦炭塔的热量，是焦化反应得以进行的保证。若出口温度低，则带入的热量小，反应不彻底，挥发分就高。若炉出口温度高，则油品带入的热量就多，反应就比较彻底，焦炭挥发分就低。

焦炭塔底油甩不出原因及处理方法

原因：

（1）塔入口管线结焦。

（2）入口管线大量串入蒸汽。

处理方法：

（1）向塔内吹汽，反复进行几次，特别注意，吹汽前脱净凝结水。

（2）找出入口管线串汽的地方，加以处理。

简述空气—蒸汽烧焦原理

炉管内的焦在高温下和空气接触燃烧，燃烧后的产物、崩裂的未燃烧的焦粉和盐垢被空气—蒸汽和燃烧气体高速带走；通入空气是供给焦炭燃烧所需要的氧气，通入蒸汽的作用是控制燃烧速度，带走多余的热量，防止局部过热，降低气体中的氧含量，减缓燃烧速度，起到保护炉管的作用。

供风过大对加热炉有何危害

（1）供风过大容易造成炉管氧化爆皮，影响炉管寿命。

（2）燃料消耗大，降低加热炉热效率。

烟气分析中各项数据的意义是什么

（1）CO 含量高，O_2 含量低说明供风不足。

（2）O_2 含量高，CO_2 含低说明供风量大。

（3）CO、O_2 都高，说明炉体漏风多。

加热炉氧含量控制多少为宜

控制在 3%～5%为宜，氧含量高，供风量大，热效率低；氧含量太低，瓦斯燃烧不完全，热效率也降低。

加热炉排烟温度控制多少为宜

控制在 160～180 ℃为宜，低于 160 ℃易出现露点腐蚀，降低设备使用寿命；高于 180 ℃排烟温度过高，带走热量大，浪费燃烧，热效率低。

加热炉回火如何处理

（1）立即关严火咀阀门。

（2）用蒸汽赶净炉膛内油气。

（3）适当开大烟道挡板，合理调节阀门，适当减少风量。

（4）平稳好瓦斯压力。

（5）对流室堵塞严重时应停炉清理通。

（6）瓦斯性质变化时应处理好再用。

（7）火咀结焦时应停下，清焦后再用。

预防瓦斯回火的措施

（1）严禁燃料在点燃前大量进入炉内，严禁瓦斯带油。

（2）防止烟道挡板关死或关得太小。

（3）炉膛保持负压。

（4）瓦斯阀门不严的要及时更换。

（5）点火前注意瓦斯阀门是否关严，并用蒸汽吹扫炉膛。

柴油泵抽空如何处理

（1）将封油改至泵 1 130 B。

（2）加大塔顶回流，控制好塔顶温度，停止柴油出装置。

（3）若泵故障，立即切换备用泵。

（4）管线串汽，查明管线上串汽点并消除。

（5）管线堵塞，应以蒸汽倒吹扫吹通。

（6）换泵时，等新泵上量正常后，才能停老泵。

使用蒸汽灭火的操作

（1）胶带要绑牢。

（2）胶带尽量保持平直。

（3）开汽时要缓慢防止烫伤。

（4）喷射时对准火焰根部。

（5）喷射时不要造成着火的介质流动扩散。

焦化系统压力超高对生产有何影响

（1）系统压力超高，将使分馏塔顶压力超高。

（2）使分馏塔进料阻力加大。

（3）使焦炭塔压力升高。

（4）严重时，导致分馏塔或焦炭塔安全阀跳开，影响正常生产。

焦炭挥发分超过工艺卡片指标时如何调整

（1）在原有的基础上，适当增加大吹蒸汽量。

（2）在原有基础上适当延长大吹汽时间。

（3）联系仪表工校对炉辐射出口温度，若温度偏低时可提高炉出口温度。

（4）严格把泡沫焦分开堆放，各种不同原料泡沫焦按不同数据分割。

分馏塔壁漏油着火原因及处理

原因：

（1）年久腐蚀或冲蚀。

（2）操作温度变化剧烈，设备因急剧胀缩裂纹。

处理方法：

（1）轻微漏油且无扩大事态可能时，用蒸汽掩护，维持生产，等待处理。

（2）若漏油气严重并着火，采用蒸汽或砂子等措施灭火，熄火后，漏源必须停工才能处理时，按正常停工处理。

（3）若因焊缝开焊等原因造成大火，不能及时扑灭，可先采取降低系统压力的措施，然后按紧急停工处理。

换热器漏油着火原因及处理

原因：

（1）设备腐蚀，冲蚀或检修质量差。

（2）操作温度急剧变化，引起焊口或法兰漏。

（3）管束内、外压差过大，造成换热器损坏。

处理方法：

（1）发现漏油着火，立即进行灭火，并设法切除此设备或换到备用设备。

（2）着火严重不能切换此设备时，可按停工处理，通知消防队灭火。

管线破裂、漏油处理方法

（1）低温管线漏油时，若是侧线可暂时停止该侧线生产，关闭馏出口阀门，在漏处进行抢修，其他管线酌情处理。

（2）高温管线漏油着火时，首先用蒸汽或其他方法灭火，并准确判断出火源和火因，采取有效措施进行抢修。

（3）高温油线漏油着火且无法扑灭时，首先切断油源，进行停工或紧急停工，通知消防队并扑救。

（4）蒸汽管线漏或破裂轻微时，采取安全措施堵漏，维持生产，当主汽管漏，破裂严重，又无法补修时，按停工处理。

分馏塔冲塔原因及处理方法

原因：

（1）焦炭塔生焦量过高，泡沫焦携带到分馏塔底。

（2）加热炉注汽量过大。

（3）分馏塔操作不当，造成局部汽体速度和液体负荷超过正常量。

（4）塔盘结焦或降液管堵塞。

（5）分馏塔底液面过高，超过油气入口。

（6）回流带水。

（7）焦炭塔油未甩净，换塔后瞬间汽化冲塔。

处理方法：

（1）加热炉进料量不能超指标。

（2）调节注汽量在指标范围内。

（3）加强分馏塔操作、控制回流量、降低原料量维持生产。

（4）降低分馏塔液面。

（5）汽油回流罐加强脱水。

（6）甩净油再换塔。

如何消除影响蜡油质量的因素

（1）稳定循环油的回流量。

（2）只有在提降量时，才动蜡油回流。

（3）保持塔底液面平稳，在正常范围之内。

（4）急冷油不要打得太多。

加热炉点火注意事项

（1）脱净蒸汽冷凝水，向炉膛吹扫，以烟囱冒出蒸汽为准，把炉膛瓦斯赶净。

（2）点火棒必须侧身放进点火孔。

（3）脸不能正对看火孔。

（4）若点不着应立即关掉瓦斯阀，重新吹扫炉膛，点着后保持火分配均匀，受热均匀。

装置在什么状况下需紧急停工

（1）本装置发生重大事故，经努力处理仍不能消除，并继续扩大，或其他有关装置发生火灾，爆炸事故，严重威胁本装置安全生产运行。

（2）加热炉炉管烧穿，分馏塔严重漏油着火，或其他冷换、机泵设备发生爆炸或火灾事故。

（3）主要机泵、原料泵、塔底泵、辐射进料泵发生故障，无法修复，备用泵又不能启动。

（4）长时间停原料，停电、停汽、停风、停水，不能恢复。

加热炉炉管烧穿现象及处理方法

现象：

（1）呈微孔时，漏油从微孔处喷出着火，呈大孔时，油从破孔处急剧喷出燃烧。

（2）漏油严重时，炉膛温度急剧上升，烟囱冒大量黑烟。严重时，入炉压力下降，出口温度显著升高。

处理方法：

（1）不严重时，按正常停炉处理，但不准维持生产。

（2）着火严重，立即采取紧急停炉措施，停止向炉辐射内进油，提高注汽量。

（3）炉膛内给蒸汽灭火。

（4）全开烟道挡板。

（5）风机停运。

（6）若风道、炉底着火要用蒸汽灭火。

（7）辐射炉管要进行全面扫线。

紧急停炉步骤

（1）熄火。

（2）停止进料、注汽。

（3）向炉膛大量吹汽。

（4）把烟道挡板全打开。

（5）通知消防队和厂调度室。

焦炭塔给水步骤

（1）改好给水流程，通知低压水泵房启动给水泵。

（2）关闭大给汽，稍开小给汽，以汽带水，当确认水已给进焦炭塔后，关闭给汽。

（3）给水时期，应注意生产塔进料温度、防止冷焦水串至生产塔。

（4）给水量由小至大，以防超压，小量给水期间，必须有专人监控好焦塔压力，既不得超压，也不得因害怕超压而将水量调得过低而延误冷焦。要求小量给水期间，老塔顶压力控制在 0.16 MPa。

（5）当增大冷焦水量，塔顶压力不再上升时，可实施大量给水。当塔顶温度低于 130 ℃，压力低于 0.02 MPa 时，将顶部出口由放空改成溢流线，打开老塔溢流阀，关闭放空阀，严禁水进入放空系统。

（6）给水冷焦时间一般为 4 h 左右，当塔顶温度为 80 ℃时，停泵。

简述装置正常停工步骤

（1）降温降量，切换四通阀。

（2）加热炉熄火，停侧线。

（3）退油。

（4）扫线蒸塔，洗塔罐。

简述装置开工步骤

（1）装油冷循环阶段。

（2）恒温脱水阶段。

（3）恒温热紧阶段。

（4）升温切四通阀，开侧线。

（5）调整操作。

如何调节产品之间脱空和重叠

（1）适当增大塔顶回流量。

（2）降低中段回流量。

（3）搞好各侧线间的物料平衡。

（4）提高侧线馏出量。

焦炭塔开工安全检查有哪些方面

焦炭塔开工安全检查须从以下九方面进行：（1）消防蒸汽畅通。（2）灭火器材好用。（3）安全阀合格安装好。（4）设备接地良好。（5）易燃易爆物清除。（6）放空阀好用、放空线及生产下水畅通。（7）开工塔试压合格管线，法兰严密。（8）盲板拆除。（9）开工流程改通符合要求。

焦炭塔区域操作要点

（1）认真掌握焦炭塔的运转周期指标，遵守岗位操作法，按时进行各项操作。

（2）运转四通阀必须进行汽封。

（3）焦炭塔急冷油管线，冬季要做好防冻工作。

（4）注意焦炭塔压力变化，不允许大于 0.22 MPa。

（5）冷却水槽水位，水温要保持正常。

炉膛温度突然升高了，应该如何处理

（1）查看是否是辐射进料泵停运，如果是，加热炉马上熄火。

（2）查看火焰燃烧情况，看瓦斯是否带油，加强脱液。

（3）及时检查风机运转状况。

（4）调整好风门，烟道挡板。

（5）检查火咀是否处于正常状态。

（6）检查炉管是否烧穿，炉前压力是否正常，若炉管烧穿，立即停炉，不准维持生产。

焦炭塔冲塔的处理方法

（1）如果是由于焦面控制过高，造成冲塔，一是分馏塔底向外甩油，保证塔底油含焦量不能太高；二是紧急采取换塔措施，注意安全换塔；三是加大回流量和急冷油量，降低塔底温度，增大循环量。

（2）若是因甩油不净冲塔，一是注意焦炭塔压力变化，如果安全阀跳开，注意接触冷却塔操作；二是分馏塔要向外甩油以保证液面；三是稳定分馏塔操作。

烧焦前的准备工作

（1）改好烧焦管线流程。

（2）控制蒸汽压力不小于 0.6 MPa，风压不小于 0.4 MPa，保证烧焦罐冷却水畅通好用。

（3）过热蒸汽线通汽保护。

炉火燃烧不好导致加热炉出口温度波动原因及调节方法

原因：

（1）调节不准确。

（2）火焰偏斜。

（3）长短不齐。

（4）风门调节不当。

调节方法：

（1）首先调整火焰。

（2）发现火嘴系统堵塞应拆卸修理。

（3）也可适当调整风门，保证燃料完全燃烧。

（4）注意配风不要过大，以免火咀缩火。

循环比与处理量的关系

（1）进装置新鲜原料不变，增加循环比时，虽对装置处理量无关，但对炉、塔等设备负荷都有增加；

（2）采取减少新鲜原料提高循环比，则装置处理量降低；

（3）降低循环比也有上述两种相反的影响结果。

循环比与产品产率的关系

（1）循环比越大，轻油收率越高，石油焦收率越高，中间组分减少，因此，焦化汽油、柴油产率增加则气体、焦炭产率也有所增加，而蜡油收率显著下降，液体产品总收率也降低；

（2）循环比越小，轻油收率越低，石油焦收率越低，中间组分增加，因此，焦化汽油、柴油产率减少则气体、焦炭产率也有所减少，而蜡油收率显著上升，液体产品总收率也提高。

蒸汽发生器操作要点

（1）蒸汽发生器用水要确保供给。

（2）控制好柴油、蜡油、循环油的流量，保证蒸汽发生器的热源。

（3）控制好汽包的液面，防止蒸汽带水或干锅。

（4）注意监控好蒸汽压力，不准超标，防止安全阀起跳。

（5）根据炉水质量，调整好连续排污，及时做好定期排污，确保蒸气质量合格。

冷焦时给不进去水的原因是什么

原因有：（1）换塔后吹汽不及时，或汽量过小，泡沫层下沉堵塞通道。（2）蒸汽，水压调节不当。（3）给水时，突然停电，没及时吹汽，造成泡沫层下沉。（4）水击不正常造成水串入蒸汽管线内。（5）给水量太小调节不及时。

焦炭塔老塔给水不进处理方法

（1）立即停止给水，开大汽吹扫，注意管线振动情况，如果管线内出现响声（蒸汽流动声）说明管路通了，可以给水。（2）提高给水压力，配汽给水，加大冲击力。

加热炉氧含量高的原因及处理方法

原因：

（1）加热炉供风量大。

（2）炉墙漏风。

（3）辐射量小。

（4）炉出口波动。

（5）采样时漏空气。

处理方法：

（1）调整加热炉风道蝶阀，减少供风量。

（2）堵塞加热炉泄漏处。

（3）调整供风量。

（4）加热炉出口温控改手动。

（5）加强管理，认真采样。

瓦斯带油现象及处理方法

现象：

（1）炉膛温度上升，出口温度升高，控制不住。

（2）炉底着火。

（3）烟气轻微冒黑烟。

处理方法：

（1）轻微带油，应首先稳住炉膛温度和出口温度，若瓦斯罐液面高带油，可及时降低液面，内外操岗位配合处理。

（2）带油严重可适当关闭瓦斯阀门，减少瓦斯火咀。

（3）若炉底漏汽油着火时，赶紧关闭阀门，可用蒸汽或泡沫灭火。着火严重时，可通知消防队。

焦炭塔瓦斯预热操作法

（1）检查确认新塔内存水已放净。

（2）缓慢打开新塔去分馏塔的油气隔断阀，将老塔油气引入新塔，注意新塔压力上升情况。

（3）引入瓦斯后，逐渐开大隔断阀，但必须注意老塔压力下降 ≯0.02 MPa，防止分馏塔油气量下降太快热量不足。

（4）待新塔压力上升至 0.1 MPa（表）时，稍开塔底甩油阀开始甩油至甩油罐。

（5）甩油罐顶出口开始去接触冷却塔，当新塔底温度达 200 ℃以后，改去分馏塔。

（6）待新塔压力接近老塔压力并不再上升后，全开新塔瓦斯大阀。

（7）瓦斯循环时，应保持分馏塔油气入口温度≮400 ℃，分馏塔底温度≮320 ℃，加热炉不超负荷。

（8）缓慢关小两塔去分馏塔的大阀，但是要密切注意两塔压力变化。

（9）瓦斯循环过程中，应注意检查新塔顶、底盖进料线法兰有无泄漏，需要时应及时联系热紧处理。

（10）循环预热后，注意甩油罐（V1107）液面，及时甩油去 V-1404。

（11）换塔前 1 h，新塔顶温度达到 380 ℃以上，塔底温度达 330 ℃以上。

请说明焦炭塔开工安全检查有哪几个方面

（1）检查消防蒸汽。

（2）检查灭火器材。

（3）检查设备接地。

（4）检查安全阀。

（5）检查现场。

（6）检查放空系统。

（7）试压。

（8）检查盲板。

（9）检查开工流程。

装置开工切换四通阀后注意事项

（1）切换四通阀后，控制好瓦斯压力。

（2）分馏塔系统要严格控制各侧线及塔底液面。

（3）装置进油前，应将汽油引至汽油泵入口，做冷回流。当塔顶温度在 120 ℃左右时，检查空冷系统是否有泄漏现象。油水分离器油位、水位较高时，粗汽油出装置，水至汽提装置。

（4）蜡油、柴油集油箱出现液面以后，要及时启动侧线泵，建立侧线回流，稳定液面，控制汽化段温度，防止冲塔。

（5）侧线来油后，启动顶循环泵，建立顶循环回流，并逐步取代冷回流，控制塔顶温度。调整炉膛火焰和各点温度，使燃烧正常均衡，控制好系统压力，按操作指标控制各分支量，注汽提到正常。

装置开工试压注意事项及要求

（1）引进水、汽、风。

（2）试压前应事先检查好设备、管线、压力表等，并关闭压力表、流量计、变送器一次阀门和安全阀的隔断阀。

（3）试压时先排出管线及设备内的空气及脏物，然后缓慢升压。

（4）试压合格后，及时撤除压力，放掉存水，打开安全阀的隔断阀门。

（5）试压介质应符合试压规定。

装置开工分馏塔及后部系统联合试压

（1）试压前检查人孔、法兰是否安装完毕，液面计是否安装正确，然后关闭塔侧线所有阀门以及塔顶安全阀的隔断阀，塔顶安装好合格的压力表。

（2）改好试压流程。

（3）由塔底向分馏塔里缓慢引入蒸汽，为了提高试压速度，也可以从焦炭塔10 m处向分馏塔底给大汽。

（4）试压合格关闭入口蒸汽，残余蒸汽由装置内瓦斯放空线放空，塔底存水由塔底放掉。

影响加热炉效率的主要因素

（1）烟气排出温度的高低。

（2）过剩空气系数大小。

（3）炉壁散热损失。

（4）化学不完全燃烧、机械不完全燃烧。

（5）加热炉炉管结焦或表面积炭。

加热炉系统安全、防爆措施有哪些

（1）炉膛灭火蒸汽线。

（2）阻火器防止回火。

（3）长明灯防止停气后再进气发生爆炸。

（4）泄压用防爆门。

烧焦时，炉管中无介质流动声，入口压力上升是什么原因？如何处理

原因：

（1）炉管中可能被焦块堵死。

（2）流程阀门没改好。

（3）结焦严重堵管。

处理：

（1）蒸汽吹扫。

（2）改好流程。

（3）检查堵死部位，割下清焦。

炉管结焦过快的原因

（1）炉管受热不均，局部过热。

（2）进料量偏流，波动或油品停留时间过长。

（3）原料稠环物聚合、分解，含有杂质。

（4）检修时清焦不净，原有焦起诱导作用，促使新焦附着其上。

炉管结焦的特点

（1）随着油的流向，结焦厚度有个最大值；随着油品在炉管里的流动方向，到某一根炉管，结焦出现最大值，而最大值的前后炉管部只有少量结焦。

（2）水平方向结焦比垂直方向结焦厚。把炉管墙头打开后，发现炉管的结焦，沿炉管的内壁各处不一样，都是水平方向相应地比垂直方向结焦厚些，特别是炉管向火焰的那面更为明显。

（3）同一根护管沿着油品流向结焦变厚，经过弯头由厚变薄。沿着油的流向，同一根炉管结焦变厚。在两根炉管连接的弯头处又发生弯头前结焦厚而弯头后结焦薄。

（4）炉管内结的"焦"不同于焦炭。加热炉检修中发现，炉管内的焦炭不是黑色，而是灰黑色，经过烧焦后全变成灰色，有苦涩的味，放到水里立即溶解于水。可见相当一部分是盐垢，并不全是焦炭。

影响焦炭质量的因素有哪些

影响焦炭质量的因素有：（1）原料油性质变化。（2）炉出口温度变化。（3）循环比变化。（4）系统压力变化。（5）生焦周期变化。（6）冷焦水的质量好坏。（7）老塔吹汽时间长短。（8）泡沫层焦分离不好或采样不均。

提高塔的分馏效果的主要措施

（1）提高塔盘效率。

（2）增加塔板数。

（3）降低塔的操作压力。

（4）提高汽提段的效率。

冷换设备操作要点

（1）投用时先投冷流，再投热流，先开出口，再开入口，后关副线。

（2）停用时先停热源，再停冷流，先开副线再关入口，后关出口。

（3）停用后放尽设备内存水，管壳程用蒸气吹扫干净。

（4）注意防止憋压和泄漏。

空冷的操作要点

（1）投用和停用空冷要按空冷器的操作要求进行操作。

（2）要经常检查各阀门压盖、大盖、法兰、堵头有无泄漏。

（3）定期停运风机进行盘车。

（4）搞好轴承润滑，检查风机温升是否超标。

（5）定期检查风机和安全网上等污垢。

（6）冬季要做好防冻防凝工作。

加热炉普遍采用的节能技术措施有哪些

（1）炉体密封，防止空气漏入。

（2）控制过剩空气量。

（3）管理好燃料系统。

（4）清理炉管表面积灰。

（5）使用陶料、炉衬，减少炉体散热。

辐射进料泵端封漏油着火如何处理

（1）若端封着火，火势较小时，可用汽带灭火。

（2）火势轻微时，作换泵处理。

（3）火势较大，上不去人，可将塔壁抽出阀和去加热炉阀门关闭。

焦炭塔憋压原因

（1）系统压力过大。

（2）新塔预热后油没甩净。

（3）冷焦时，吹汽量过大。

（4）冷焦时，给水量过大。

（5）加热炉注汽量突然增大。

（6）大瓦斯管线结焦严重。

提高分馏塔能力、质量，主要从哪些方面入手

（1）扩大塔径，采用双溢流。

（2）选用操作弹性好，效率高的塔板。

（3）增加塔的高度，增设塔板。

（4）合理配备各中段回流，使塔汽、液相负荷分布均匀。

（5）操作中控制和选择好各部的温度、压力，回流量，吹汽量。

加热炉过剩空气系数高的害处有哪些

（1）燃烧后烟气量多带走的热损失大，炉子热效率降低。

（2）燃烧后气中含氧量高，会加速炉管高温下的氧化速度。

（3）入炉空气多，降低燃烧气体的温度，从而影响了传入炉内物料的热量，多耗燃料。

如何减少炉壁的散热损失

（1）搞好炉子的检修，保证炉墙没有大的裂纹和孔洞。

（2）采用耐热和保温新材料。

（3）控制炉膛温度，不得超温，以免烧坏炉墙。

如何降低加热炉排烟温度

（1）设置余热回收系统。

（2）设置吹灰器。

（3）对于液态物料对流管采用翅片管或钉头管。

（4）精心操作，确保炉膛温度均匀，防止局部过热和管内结焦。

如何提高石油焦质量

（1）合理选择原料。

（2）提高循环比和操作压力。

（3）提高焦炭塔温度，降低焦炭挥发分。

（4）延长生焦时间。

开工时进油冷循环时的操作

（1）进一步检查管线及设备有无泄漏堵塞。

（2）检查工艺流程是否正确。

（3）检查机泵的运转是否正常。

（4）排除管道及泵体内的脏物和空气等。

（5）进一步检查控制线，调节阀，液面计，计量表是否灵活好用。

四通阀卡住的处理方法

（1）若切不到新塔位置，立即切回原来位置，避免产生系统憋压。

（2）不能切回原来位置，可采用紧急放空处理，如仍处理不好，按停工处理。

辐射进料泵抽空和半抽空的处理方法

（1）适当关小泵的出口阀。

（2）若封油量过大，可关封油阀，同时将封油循环阀打开，控制好封油压力，加强封油脱水，封油量要适当。

（3）检查入口管线扫线阀门，同时要关严。

（4）当上述处理无效时，可切换备用泵。

分馏塔安全阀跳开的原因及处理方法

原因：

（1）塔内温度高，液面过高。

（2）冷却系统冷却效果不好，阻力大。

（3）气压机故障，富气放不出去。

处理方法：

（1）安全阀跳开后，如果恢复原来位置，应继续生产。

（2）系统压力恢复原来压力后，安全阀不能恢复原来位置，漏油，此时应在车间同意下关闭安全阀的隔断阀，维持正常生产，安全阀进行修理。

焦化装置易结焦的部位有哪些

焦化装置结焦的位置通常在加热炉的炉管、焦炭塔的挥发线、加热炉辐射进料泵的入口和分馏塔底、循环泵的入口等重油高温长时间停留的地方。

为什么焦炭塔顶注急冷油能防止瓦斯线结焦

瓦斯线结焦的主要原因是焦层上油气夹带焦粉，或气体的杂质粘附在瓦斯线管壁上形成的。顶部注急冷油可降低油气温度，同时油气与急冷油接触，气化量增加，油气流速增大从而有效地抑制油气反应，减少结焦。

为什么加热炉对流管渣油罐口温度不应超过 380 ℃

渣油结焦临界温度是 420～450 ℃，如果加热炉对流管出口温度超过 380 ℃，那么渣油在接触管壁受热时反应温度已达到渣油临界反应温度，同时由于对流管不注水，流体流速慢，湍流程度小，因此容易造成对流管局部结焦。

焦化系统压力超高对生产有何影响？如何处理

系统压力超高，将使分馏塔顶压力超高，以至分馏塔进料阻力大，最终使焦炭塔压力升高，甚至安全阀跳开或分馏塔安全阀跳开影响正常生产。处理方法：增大瓦斯向低压瓦斯管网放空，将油水气分离罐的压力给定降低，若分馏塔顶冷却器进罐口阀开度小，则开大阀门，若冷却器结垢严重，则需降量，甚至打汽清理。

焦炭塔冲塔的原因是什么

焦炭塔冲塔的原因如下：新塔预热不好；切换后塔顶温度上升很慢；系统压力波动大；炉出口温度过低或仪表指示偏高；拿油带水；焦层过高；处理量过大。

分馏部分

焦化分馏塔的主要作用是什么

焦化分馏塔具有分馏和换热两个作用，分馏塔的分馏作用是把焦炭塔来的高温油气中所含的汽油、柴油、蜡油及循环油，按其组分挥发度的不同，切割成不同沸点范围的石油产品；换热作用是让原料油在塔底与高温油气换热，提高全装置的热效率。

如何判断分馏塔的分馏效果

分离精度在精馏过程中也叫分馏精确度，用来表示分馏塔的分馏效果。对二元系来说，指的是轻、重两组分间是否达到有效的分离。对多元系，则是指轻、重、关键组分之间的分离程度。对复杂系来说，两个相邻馏分之间的分馏精确度，通常用这两馏分的馏分组成或蒸馏曲线的相互关系来表示。倘若轻重馏分的初馏点高于较轻馏分的终馏点，则称这两个馏分之间有一定的"间隙"；反之称为"重叠"。重叠意味着一部分较轻馏分进入到重馏分里去了，或者是一部分重馏分进入到轻馏分里去了。其结果既降低了轻馏分的收率又损害其质量。显然，重叠是由于分馏精确度较差所造成的，而间隙则意味着较高的分离精确度。间隙愈大，说明分馏精确度愈高。

精馏过程的基本条件是什么

必须有能够使气液充分接触，进行相间传热和传质的场所，即塔盘（或填料）。每层塔盘上必须同时存在着组成不平衡的气（上升油气）液（下降回流）两相。为了保证精馏每层塔盘上都有上升油气，就需要提供热源；为了使塔盘上有下降回流，塔顶及各全抽出斗的下方均需有外回流打入，以使其他塔盘上有内回流。

为了达到精馏的目的，不仅要有塔盘，而且要有一定的塔盘数；不仅要有回流，而且要有合适的回流量。

影响塔板效率的因素有哪些

影响塔板效率的因素有以下三种。

（1）混合物汽液两相的物理性质，主要有黏度、相对挥发度、扩散系数、表面张力、和重度等。

（2）精馏塔的结构，主要有出口堰高度、液体在板上的流程长度、板间距、降液部分大小及结构，还有阀、筛孔、或泡帽的结构、排列与开孔率。

（3）操作变量，主要有气速、回流比、温度及压力等。

下面就一些主要因素的影响作一简要讨论。

（1）体流速

它对于板效率产生复杂的影响。一方面，随气速的增高，传质系数、传质界面增大，漏液可以消除，有利于效率的提高；另一方面，随气速的增高，雾沫夹带，板上流体混合程度的增强，两相接触时间变短，对效率起不利的影响。

（2）体流率（单位塔截面的液流量）

它也会对板效率也产生复杂的影响。随液体流率增大，液体与气体接触时间减小，塔板上液体进口与出口处产生液面落差增大，将影响汽流均匀分布，随液流夹带入下面塔板的泡沫量可能增多，这些将使板效率恶化；但随着液体流率的增大，返混情况将有所改善，传质系数和传质面积将有所增大。

（3）出口液流堰高度 h_W

h_W 增高使板上的液层高度及滞液量增加，增大两相接触时间和传热面积，有利于板效率提高，但 h_W 的增高，将使蒸汽流经塔板阻力增大，雾沫夹带也有所增加。

（4）塔板上液流流程长度 Z

Z 增大，将减少板上的返混，使板效率增高；进出口堰间的液面落差将增大，液流量大、结构复杂的塔板尤其如此，将会影响汽流均匀分布。

（5）系统的物理性质

液体黏度高，传质困难，板效率则低；相对挥发度大，液相传质阻力大，使效率降低。汽液相的扩散系数及表面张力对板效率均有一定影响。

分馏塔为什么用人字挡板

焦化分馏塔的进料温度在 420 ℃左右，同时夹带有焦炭粉尘的过热油气，这是和其他分馏塔显著不同的地方。焦化分馏塔下部有一个循环油换热段。从塔底抽出循环油，经过换热和冷却后返回塔内和上升的油气逆向接触，一方面把油气迅速冷却下来，以避免结焦，另一方面也把所夹带的焦炭粉尘洗涤下来。循环油换热段由于温度较高，同时又有焦炭粉尘，因此一般常用人字挡板而不用塔盘。

焦化分馏塔与其他分塔有什么区别

（1）有脱过热和洗涤粉尘的循环油换热段

焦化分馏塔的进料是高温的，带有焦炭粉尘的过热油气。因此在塔底设循环油回流以冷却过热油气并洗涤焦炭。

（2）全塔余热量大

焦化分馏塔的进料是 420 ℃左右的高温过热油气，因此，在满足分离要求的前提下，应尽量减少顶部回流的取热量，增加温度较高的循环油及中段循环回流的取热量，以便于充分利用高能位热量换热和发生蒸汽。

（3）系统压降要求小

为提高气压机入口压力，降低气压机的能耗，提高气压机处理能力，应尽量减少分馏系统的压降、各塔盘的压降、分馏塔顶油气管线和冷凝冷却器以及从油气分离器到气压机入口的压降。

（4）有吸收油流程

在吸收稳定系统中要用柴油馏分，再在吸收塔内对吸收塔顶的贫气进行吸收，以减少随干气带走的汽油量。吸收后的富吸收油再返回分馏塔。

汽提塔与分馏塔有什么区别

汽提塔底通入过热水蒸汽，在温度不变以及总压力一定时，降低油气分压，增加汽化率，即提高侧线产品中轻组分的拔出率，从而降低产品中轻组分的含量。

焦化分馏塔底部进料，只有精馏段而没有提馏段，汽提塔是塔顶进料，相当于侧线产品的提馏段。

什么叫部分抽出斗、全抽出斗及升汽管型抽出板

在降液管下加一凹槽，降液管延伸至抽出斗内，以保证液封。这就是部分抽出斗。

在降液管与斗之间增设液封板,以保持降液管液封高度不低于25毫米。还设有较高的溢流堰,以防止液体流到下层塔板上,这就是全抽出斗。带有全抽出斗塔盘的下一层塔盘的内回流由外回流提供,升汽管型抽出板又称为盲塔板或集油箱。这种抽出板只允许蒸汽通过升蒸管,而不让液体下流。板上没有汽液接触设施,没有精馏作用,纯粹起抽出斗的作用。

分馏塔越往塔顶气体负荷越大的原因是什么

越往塔顶塔内温度越低,所需取走的热量越大,需要回流量越大,越往塔顶,油品组分越轻,汽化每公斤油品所产生的分子数越多,所以越往塔顶汽相负荷越大。

分馏塔内汽相负荷过大对分馏塔效果有何影响

汽相负荷过大,汽速增加,汽体和液体在塔板上接触搅拌加剧,泡沫层高度上升,汽体夹带许多液滴进入上层塔板,产生雾沫夹带,降低了分馏塔的分离效果。当汽体夹带量超过10%时,塔板上的正常操作已被破坏,不起分馏作用了,汽相负荷过大时,还有可能造成冲塔。

分馏塔压力大对分馏操作有何影响

在温度不变的情况下,轻油收率低,重油收率高,各线产品质量变轻。

控制阀投用的操作方法

(1)检查工艺流程。

(2)关闭控制阀上下游阀,开副线阀。

(3)管线流体走副线。

(4)关闭控制阀排凝阀。

(5)开控制阀下游阀。

(6)让介质充满阀体。

（7）全开下游阀，开控制阀上游阀。

（8）关闭控制阀副线阀。

（9）通知微机室，控制阀投用正常。

（10）调节工艺参数。

影响总液收的因素

（1）焦炭塔操作变动。

（2）循环比大小。

（3）蒸发段温度变化。

（4）汽油冷后温度变化。

（5）油气入塔温度变化。

（6）原料油性质变化。

（7）计量误差。

新鲜水、软化水、除氧水有何区别与联系

一般原江水经过简单的氧化除菌即为新鲜水（硬水），新鲜水中富含钙镁离子，化工生产过程中易于结垢，影响操作。通过树脂交换等工艺，出去后的水既为除盐水，又称作软化水。软化水经过蒸气除氧，除去所含氧分后既成为除氧水。

为什么自产蒸汽用的水必须除盐

水中含的盐在发生蒸汽过程中会浓缩于蒸汽发生器中，造成蒸汽发生器结垢，降低换热效果，影响蒸汽发生量。

蒸汽发生器超压如何处理

（1）当系统压力增大，联系调度调整系统压力。

（2）当压力达 1.2 MPa 时，手动放空，将压力控制在 1.1 MPa 左右。

影响蒸汽发生器压力的因素

（1）系统压力变化。

（2）处理量太大。

（3）各部回流变化。

（4）蒸汽发生器干锅。

炉出口温度高低对分馏塔操作有何影响

（1）出口温度升高，塔内热源充足，侧线温度都有上升趋势，为保证操作平稳，需要增加顶回流，否则产品质量偏重。

（2）出口温度偏低，塔内热源不足，塔顶温度和侧线温度都要下降，为保证操作平稳，就需要减少塔顶回流，否则产品质量偏轻。

蒸汽发生器超压如何处理

（1）当蒸汽发生器压力达 1.3 MPa 时，手动放空，将压力控制在 1.2 MPa 左右。

（2）查明原因做相应处理，如果管网压力增大，则联系管网调整系统压力。

汽包液面上升的原因及处理方法

原因：

（1）液面指示失灵。

（2）进料控制阀失灵。

处理方法：

（1）联系仪表校对控制阀和液面指示。

（2）打开间断排污阀，降低液面，避免蒸汽带水现象。

空冷器冷却温度过低调节方法

（1）先停部分或全部风机，减少冷却水。

（2）停风机再继续减少冷却水，关小百叶窗开度。

（3）最后冷后温度仍低可调百叶窗。

（4）搞好冬季空冷管束的安全运行，要防止冻裂管束，及时采取关百叶窗和加保温措施。

（5）根据气温变化及时调节。

什么叫冷回流？其作用是什么

冷回流，严格地说是回流温度低于打入那层塔盘的平衡温度的回流，如塔顶回流及循环回流。但习惯上说的"冷回流"，都是指塔顶过冷的回流，即塔顶产品引出，在塔外冷凝冷却后再打回塔顶成为最上一层塔盘的回流。

冷回流的作用一是成为最上一层塔盘的回流，随之以下各层塔盘就都有了内回流；二是担负着冷却取热，维持全塔热平衡的部分任务，控制塔顶温度，保证产品质量合格。

为什么焦化分馏塔采用较多的循环回流

由于焦化分馏塔是全气相过热进料，温度较高，而出塔产品温度较低，所以整个塔要靠回流取走大量剩余热量。如果只靠塔顶回流取热，则塔上半部的气液相负荷都会很大，因而需要较大的塔径，而且塔顶回流取出的热量，因温度低而不易充分回收。此外，如果用塔顶油气与原料换热时，一旦换热器管束泄漏，会使原料油漏入汽油中，造成汽油变质，所以塔顶油气都不换热。为了充分利用温位较高的热能，同时使分馏塔各段负荷均衡，所以在每两个侧线之间都打循环回流，以减少塔顶回流用量。

什么是顶回流和中段回流？各有什么作用

通常所说的顶回流即塔顶循环回流，塔顶的下面几块塔盘上抽出的液体经冷却后，返回塔的最上一层塔盘，这样以下各层塔盘就都有了内回流，从而满足塔中要有液相回流的要求。

焦化分馏塔的顶回流除具有回收余热及使塔中气液相负荷均匀的作用外，还担负着使粗汽油干点合格的任务。

中段回流即中段循环回流，在侧线产品抽出板的下面几块塔板抽出，经冷却返回侧线抽出板的下面一层。中段回流主要有使柴油凝固点合格、回收塔内余热、提供吸收稳定系统热量、使塔内气液相负荷均匀等作用。

什么是塔底回流？其作用是什么

塔底回流即塔底循环回流，是将塔底油分出一部分进行冷却后，再返回塔中。

对于焦化分馏塔，进料是焦炭塔来的高温过热油气，带来了巨大的热量，还带有不少焦炭粉末。因此塔底循环回流既可以在塔底部取出大量高温位热量供回收利用，塔上部的负荷可以大为降低；而且大量的循环油可以把油气中的固体颗粒冲洗下来，以免堵塞上部塔盘。

在满足分馏要求的前提下，循环油取热量大些好吗

好。因为这样可以减少顶回流或中段取热量，不仅使塔内气液相负荷减少，而且提高了高温位热能的取热量。但是，循环油取热量的增大应在保证吸收-稳定系统有足够的热源的前提下进行。

粗汽油的质量如何控制

调节塔顶循环回流取热量以调节塔顶温度，保证汽油干点合格。顶回流量不足时可打冷回流补充。必要时还可调节各段循环回流的取热比例，

控制塔上部负荷。

汽油干点高如何处理

（1）加大顶循回流量。

（2）加大柴油回流量。

（3）加大中段回流量。

（4）降低顶循环回流返塔温度。

（5）降低柴油循环回流返塔温度。

（6）降低中段循环回流返塔温度。

影响汽油干点因素及调节方法

影响因素：

（1）塔顶回流带水。

（2）回流泵抽空。

（3）换塔或处理老塔油气入分馏塔底温度和油气的变化。

（4）侧线集油箱液面发生变化，过高或冲塔。

（5）系统压力波动。

（6）注汽量变化。

（7）设备故障。

（8）仪表失灵。

调节方法：

（1）针对因素分别采取措施加强平稳操作。

（2）加流罐加强脱水。

（3）平稳分馏塔底和各侧线集油箱液面。

（4）平稳侧线抽出量。

（5）当换塔时，汽量不要过大，及时调整塔顶温度。

（6）当塔顶汽油产品流量改变时，及时调整分馏塔压力及塔顶温度，保证汽油质量。

分馏塔顶温度波动的处理方法

（1）针对注汽量变化及时调整注汽量在指标范围之内。

（2）回流带水会引起塔顶温度上升，所以必须加强回流脱水、及时调整油水分离器水位在正常范围之内。

（3）系统压力波动后，迅速高速气压机转数，保证系统压力平稳。

（4）蜡油汽提波动后，必须及时把汽提调整到正常指标之内。

（5）仪表失灵之后，立即将自动控制改为手动控制，同时观察温度变化情况，手动控制塔顶温度时提降回流量必须要缓慢及时，与有关人员联系处理。

（6）顶循环回流量波动对塔顶温度影响很大，必须迅速采取措施，若自动有问题，改手动。

（7）操作泵有问题时，及时换泵或用冷回流控制塔顶温度。

顶回流泵抽空的原因是什么？如何处理

原因：

（1）分馏塔顶负荷不足，或中段温度压得过低。

（2）冷回流带水。

（3）分馏塔顶温度过高，调节不及时，使顶回流抽出层集油箱存油减少。

（4）机泵故障，仪表失灵。

处理方法：

（1）在顶回流量波动时，应及时降量，并适当提高冷回流，以保证粗汽油干点。

（2）适当提高轻柴油抽出塔盘温度，逐步增加顶部负荷。

（3）及时切换备用泵。应先打入冷回流，以压住塔顶温度，但必须注意系统压力。当机泵上量后，应逐步提量至正常。若分馏塔顶温度没有控制住，引起冲塔，必要时还可降低反应进料量、然后采取措施进行处理。

（4）若仪表失灵，应及时改用手操作器，或用副线操作。

中段回流流量波动和泵抽空的原因及处理方法是什么

原因：

（1）前部操作大幅度波动。

（2）蜡油抽出量过大，柴油抽出塔盘温度过高，引起中段负荷不足。

（3）分馏塔顶温度过高。

（4）机泵故障，仪表失灵。

处理方法：

（1）适当改变蜡油抽出量。

（2）当中段回流量波动时，应及时降低中段抽出量，并将顶温压一点，维持机泵不抽空。

（3）降低塔顶温度，适当提高塔底蒸汽量，逐步增加中段负荷。

（4）适当加大吸收油的返塔量。

（5）当机泵抽空时，可适当降低柴油抽出量，以增加内回流。

（6）泵故障时，及时切换备用泵。

（7）若仪表失灵，及时改用手操作器调节，或用副线操作。

循环油泵抽空是什么原因？如何处理

原因：

（1）分馏塔底液面过低。

（2）泵入口扫线蒸汽阀漏，造成汽阻。

（3）封油量过大或过轻，在泵体内汽化造成汽阻。

（4）封油带水，使水汽化造成汽阻。

（5）柴油抽出塔盘温度过低。轻组分压入塔底，使循环油组分变轻。

（6）塔底温度过高，造成塔底结焦，管道堵塞。

（7）分馏塔底温度过低，带水或轻组分（开工时）。

（8）机泵本身故障，仪表失灵。

处理方法：

（1）当塔底液面低时，及时降低循环油返塔温度，提高循环油量，降低循环油回炼量。

（2）当循环油组分变轻时，应及时提高柴油抽出板温度。

（3）调节封油量，并及时脱水（一般封油压力比泵体压力高 0.1 MPa 为宜）。

（4）如机泵故障应及时切换备用泵，并联系维修。

（5）如仪表失灵，应及时切至手操作或副线控制。

（6）开工时，如塔底温度低，容易造成带水，应提高加热炉出口温度，加大外甩量，提高塔底温度。

循环油返塔为什么要用上、下口

反应油气进塔后，在用循环油脱过热和冲洗焦炭粉末的同时，还使少量最重的馏分——渣油冷凝成液体，和焦炭粉末一起流至塔底，这部分渣油连续抽出进行循环回炼。因此一般情况下，为了保证脱过热和冲洗焦炭粉末，要从人字挡板上方进塔，此即上进口。

塔底温度要根据原料轻重严格控制在 370～380 ℃以下，否则会产生结焦。调节措施除了控制循环油量和温度外，还要将少量返塔循环油直接打入塔底液面中，靠温度较低的循环油与塔底循环油混合而降温。此时就要用循环油下进口。如果靠加大从上进口进入的循环油量降温，则同时会增加渣油冷凝，使塔底液面上升。

分馏岗位对其他岗位有什么影响

（1）分馏塔底液面高过反应油气进口管线，会使系统压力超高。

（2）分馏塔冷回流打得过多，会使系统压力超高。

（3）冷回流带水，会使系统压力超高。

（4）塔顶油气分离器液面过高，会影响系统压力和气压机运行。

（5）粗汽油带水，会增加吸收—稳定系统负荷，有时还会使汽油质量不合格。

（6）吸收油大幅度调节，对再吸收塔压力会有影响，严重时还会引起干气带油。

（7）蜡油量过少，会影响热油泵的封油供应。

（8）粗汽油温度过高或过低，均影响吸收—解吸塔操作。同时还会影响富气组成进而影响气压机操作。

（9）中段回流及重蜡油波动，除分馏塔本身操作状态受影响外，还影响吸收—稳定系统。

分馏岗位的操作原则和主要任务是什么

分馏岗位的操作原则是：稳住各处液面，控制好各段回流量和温度，合理地调整热平衡，实现平稳操作，使产品合格。

分馏岗位的主要任务是：在稳定操作状态下把反应油气按沸点范围分割成富气、粗汽油、柴油、轻蜡油、重蜡油等馏分，并保证各个产品的质量合乎规定。

调节分馏塔顶冷回流时应注意什么

（1）脱水。水急剧汽化使塔压力上升，进而使系统压力有较大波动，并可导致顶回流泵抽空。

（2）幅度不能太大。以防止压力产生较大波动。

（3）及时分析粗汽油干点，根据分析结果调整塔顶温度。

为什么要控制分馏塔底液面

在原料性质不变，加热炉出口温度恒定，分馏塔操作也较稳定时，如果循环油抽出量和冷凝量不平衡，液面就会波动，当液面上升过高时，很容易漫过塔的油气入口，液柱产生的阻力会使系统压力增高，甚至超压造成事故；液面过低循环油泵抽空，中断循环油回流，也会造成塔内超温、超压，并影响前部。此外塔底液面波动也会影响到塔上部热平衡和气液相负荷，进而影响分馏塔整个操作。所以塔底液面是分馏系统很重要的操作参数，必须经常注意保持平稳。

如何控制分馏塔底液面

如果液面降低，可用加大循环油回流取热以增加渣油冷凝量；当液面过低来不及调节时，为了防止循环油泵抽空，应降低循环油回炼量。也可用增大重蜡油下回流量的方法暂时维持分馏塔液面。如果液面过高，则反之操作。必要时也可开塔底循环回流外甩循环油，保证油气入塔不受影响。正常时，用循环油量和循环油返塔温度来调节。

分馏塔底液面猛涨怎么办

分馏塔底液面猛涨是非常危险的事故苗头，必须竭尽全力进行处理。

（1）当液面猛涨到有封住油气管线的危险时，必须迅速降低加热炉入炉量和加热炉出口温度。

（2）加大循环油回炼量及重蜡油抽出量。

（3）减少塔底循环油取热量，但要注意，循环回流量的降低应以保证能洗涤焦炭粉末和分馏塔上部操作稳定为前提。

（4）必要时可将循环油返塔下口开大。

（5）适当提高塔顶温度和柴油抽出温度。

（6）如循环油泵抽空，应迅速查明原因，及时处理。

（7）在失去调节手段时，可将循环油直接外甩出装置。

如何减少循环油系统结焦

减少循环油系统结焦一般有三个手段：即增大循环油量、降低分馏塔

底液面，以减少停留时间；降低循环油返塔温度，加大循环油返塔下部入口量，以降低分馏塔底温度；有可能的情况下可外甩部分循环油。

分馏塔顶油气分离器的作用是什么？如何控制其液面

分馏塔顶油气分离器是进行三种物料分离的容器。上面分离富气和粗汽油，下面分离粗汽油和水。

分馏塔顶油气分离器有两个液面需要控制：油水界面和油气界面。不管是哪一个界面，如果控制不好，重者发生事故，轻者污染环境。

分馏塔顶油气分离器的油水界面是通过调节水包脱水量来控制的。水位过低，会使粗汽油从排水漏走，造成跑油事故；水位过高，会使粗汽油带水，影响吸收稳定系统。如果打冷回流，带水会引起分馏塔压力波动。

分馏塔顶油气分离器的油气界面是通过调节粗汽油抽出量来控制的。油位过低，会使粗汽油泵抽空，使吸收塔工况破坏；油位过高，富气带油会使气压机叶轮打坏和使系统压力超高而发生恶性事故。此外对油气分离器温度也应予以控制，温度过高，会引起富气带油。

在操作温度不变情况下，分馏塔压力大对分馏操作有何影响

在温度不变的情况下，轻油收率低，重油收率高，各线产品质量变轻。

影响汽油干点的因素有哪些

影响汽油干点的因素主要有以下七点：（1）分馏塔顶温度及压力变化。（2）注水量，汽提量或焦炭塔汽封给汽量大小。（3）回流带水或中断。（4）分馏塔各层回流量及温度变化。（5）塔顶温度控制仪表失灵。（6）塔盘分馏效果差。（7）塔内故障或负荷过大。

影响柴油闪点的因素有哪些

影响柴油闪点的因素有：（1）柴油汽提塔汽提量变化。（2）柴油抽出

温度变化。（3）系统压力变化。（4）汽油干点过低等。

柴油干点升高的影响因素及调节方法

影响因素：

（1）焦炭塔瓦斯预热和处理的影响。

（2）柴油抽出量。

（3）中段回流量的变化。

（4）冲塔柴油干点高。

（5）炉出口温度的变化。

（6）柴油内回流量及温度的变化。

（7）系统压力变化。

（8）仪表失灵。

处理方法：

（1）换塔及预热提前采取措施。

（2）平稳柴油的抽出量。

（3）调节好中段回流量。

（4）加强联系，调节好各参数。

（5）控制好炉出口温度。

（6）控制好柴油内回流量。

（7）联系仪表处理。

影响蜡油残炭因素有哪些

影响蜡油残炭的主要有以下因素：分馏塔冲塔；分馏塔底液面过高或装入集油箱；蒸发段温度过高；蜡油抽出量变化；塔盘脱落；焦炭塔预热或换塔。

分馏塔顶油气分离器液面猛涨怎么办

分馏塔顶油气分离器液面猛涨是十分危险的事故苗头，如处理不及时，会使系统超压、气压机带油甚至停止进料，所以必须严格预防和迅速、正确处理。当机泵抽空时，应首先进行泵体排气，泵体淋水，使泵上量，如仍不上量，应及时切换备用泵。

如液面上涨快，则应启动两台泵同时向外送油。如分馏塔顶冷凝冷却器某组确实泄漏带水时，应及时停用。

当气压机抽负压时，应及时提高反飞动量，以保证气压机入口压力，防止负压抽入空气，同时防止机入口富气带油。如仪表失灵，应及时改用手操作器或副线操作。采取一定措施后，液面仍猛涨危及气压机和系统压力时，不得已可短时大量排水，甚至带油，渡过危险时刻。但此时应采取紧急安全措施，防止其他事故和隐患。

开工时为什么要建立开路大循环

因为开工时要进行贯通吹扫，管道、设备中存有积水，若碰到高温热油将发生突沸而使管道、设备破坏。为此要进行开路大循环，一方面使设备、管道中的积水除去，同时缩短开工时间，另一方面可使设备逐步升温以防破坏。

开工时中段为什么要充柴油？应注意什么

开工时，中段管道、冷换设备中有蒸汽扫线后冷凝下来的水，这部分水若进入分馏塔中，高温时会因突沸而使分馏塔压力骤升，从而导致系统压力骤升。因此，要用柴油充满管道将管道中的水赶走。另外，开工时，塔中负荷很小，中段管道、设备中充满柴油，可使中段泵上量，尽快建立中段回流，从而尽快平稳分馏塔操作。

充柴油时，应注意不留死角，放净存水。具体做法是，充好柴油静置几小时后，在低点将存水放净，过几个小时，再放一次水，再充一次柴油，尤其是在即将建立中段循环时，最后一次将水放净。脱水时，人不能离开，严防跑油。

开工时，顶回流管线为什么要充汽油？应注意什么

开工时，顶回流管道有蒸汽扫线后冷凝下来的水，这部分水若进入分馏塔，高温时会突沸汽化而使分馏塔压力骤升，从而导致系统压力骤升。因此，要用汽油将管道中的水赶走。另外，开工时，塔中负荷很小，顶回流管道内充入汽油，可使顶回流泵上量快，尽快建立顶回流，从而尽快平稳分馏塔操作。

充汽油时，应注意不留死角，放净明水。具体做法是：充好汽油，静止几小时后，在低点放净明水，过几小时，再放一次水，再充一次汽油，尤其是在即将建立顶回流循环时，最后一次将水放净。脱水时，人不能离开，严防跑油。

扫线应注意什么

扫线时应注意以下十点：

（1）加强与外单位的联系。

（2）加强系统间的联系及配合工作，扫线要按扫线流程及规程进行。

（3）给汽前必须将蒸汽中冷凝水放净，不能向热油管线通入含水的蒸汽。

（4）扫线前应将换热器不扫线的壳程或管程进出口阀保持一定的开度，避免憋压。对冷却器则应将水停掉，关闭进出口阀，打开放空。对容器则应保证容器内存油已抽净再扫线，并应打开底部排凝，然后再打开顶部放空。扫线后应将放空打开充分排凝。

（5）离心泵通过泵体扫线时，一定要开泵的冷却水。扫完后，打开泵体丝堵排凝，并停冷却水。

（6）扫线结束时，应先关有关连通阀，后停蒸汽，严防互窜。

（7）停汽前应由放空检查，切实扫净再停，停后排凝。

（8）要根据蒸汽供给量，集中力量按程序扫几根管线，扫净后再几根，不要分散汽量。

（9）要认真做好记录，对当班扫好的管线应在扫线流程后面签名。

（10）交接班一定要清楚。

扫线的原则是什么

（1）先扫重油管线，后扫轻油管线。

（2）换热器先扫正线，后扫副线。

（3）冷却器先将水切断，并由进水阀后放空，将存水放净，然后再用蒸汽扫线。

（4）先扫控制阀副线，后扫控制阀正线。

（5）三通阀扫线时应反复活动。

（6）汽油、凝缩油系统应先用水将油顶净，然后再用蒸汽吹扫。

（7）采用憋压扫线方法进行扫线。

（8）不准向地面上放油。

停工时，分馏系统为什么要水洗

停工时，分馏系统水洗分两部分：轻油部分，包括顶回流、粗汽油、塔顶油气三个系统；重油部分，包括柴油、中段、轻蜡油、重蜡油和循环油、原料六个系统。

稳定部分

装置吸收稳定岗位的任务是什么

装置吸收稳定岗位的任务是：以吸收，解吸，精馏为原理，以粗汽油和富气为原料，从富气中分离出质量合格的干气、液化气，生产出质量合格的汽油。

121

使用粗汽油和稳定汽油做吸收剂哪一个效果更好一些

稳定汽油吸收效果更好一些，而且被气体携带量小，但从经济方面考虑，使用稳定汽油做补充，吸收剂量也不能过大。

吸收塔为什么设有中段回流

吸收过程是放热反应，随着吸收的进行，温度有所上升，较低的温度有利于吸收，所以吸收塔设有中段回流，取走释放的热量，保证吸收效果。

解吸塔的作用是什么

解吸塔的作用是将混有轻组分的凝缩油中 C_1、C_2 组分分离出去，保证稳定塔进料中基本不含 C_1、C_2 组分，以便下一步分离出液态烃和汽油产品。

解吸效果不好会造成哪些影响

解吸效果不好，则脱乙烷汽油中乙烷含量高，当高到使稳定塔顶液化气不能在操作压力下全部冷凝时，就要排放不凝气，就必然有一部分液态烃被排至干气管网，降低了液化气收率。

解吸塔底温对干气 C_3 组分有何影响

解吸塔底温度低直接影响解吸程度，在其他条件不变的情况下，提高温度，解吸效果好。但温度过高，会造成解吸过度，大量 C_3、C_4 甚至更重组分被解吸出来返回吸收塔，这样使吸收塔负荷增大，在其他条件不变时，往往会使干气 C_3 含量超标。

液化气中 C_2 组分如何控制

控制液化气 C_2 组分关键是要控制好解吸塔温度，保证 C_2 组分完全解吸，同时也要考虑吸收塔不要吸收过度造成解吸塔负荷加大，另外吸收过

程中吸收剂量不要过大，否则富吸收油中 C_2 浓度过小，不利于解吸。

本装置吸收、解吸采用双塔操作，有什么好处

（1）将吸收、解吸两种工艺过程分开，使其彼此不受影响。

（2）解吸气、富吸收油经冷却后同时返回平衡罐，进行一次气液平衡，平衡罐相当于一块理论塔板。

（3）吸收塔气相进料量相应降低，从而减少了吸收剂用量，也相应降低了解吸塔稳定塔负荷。

（4）解吸塔调节灵活。

为什么要有再吸收塔？再吸收塔的吸收剂是什么

由于贫气中带有汽油组分，所以要在再吸收塔中用再吸收剂将汽油组分吸收下来，以增加汽油收率并减少干气带油。再吸收塔以柴油作吸收剂。

吸收稳定系统为何在高压下操作

（1）压力高对吸收过程有利。

（2）液态烃在常温下必须采用高压才能成为液体。

为什么要控制汽油蒸汽压

汽油馏程中规定 10% 点馏出温度不高于某一数值，以保护启动性能。但 10% 点温度太低时，汽油蒸汽压太高，不利于产品分离效果，同时不利于汽油的输送、贮存，造成损失，而且汽油使用中易造成气阻。因此要控制汽油蒸汽压。

影响汽油蒸汽压的主要成分是什么

汽油组分为：$C_5 \sim C_{11}$，还带有少量 C_4 组分。40 ℃时，纯烃蒸汽压数值如下：C_4^0: 0.39 MPa，C_5^0: 0.12 MPa，$C_{4\text{-}1}^=$: 0.16 MPa，反 $C_{4\text{-}2}^=$: 0.12 MPa，

顺 $C_{4-2}^=$：0.11 MPa，$C_{5-1}^=$：0.04 MPa，可见，在某一温度下，同种烃类，C_4 蒸汽压比 C_5 高许多，因此认为影响汽油蒸汽压的主要组分是 C_4。

汽油蒸汽压对辛烷值有什么影响

汽油中丁烷含量直接影响汽油的蒸汽压。汽油的 MON 及 RON 均随着蒸汽压的升高而增加，其中 RON 增加的幅度更为显著。丁烷不仅本身具有高的 RON 及 MON，而且有高的调和辛烷值。汽油蒸汽压每增加 10 千帕，RON 可增加 0.9。

再吸收塔液位控制不好，有什么后果

再吸收塔液位满时，造成干气带油，严重时造成前部憋压，焦化塔压力升高；再吸收塔液位空时，造成大量瓦斯顺富吸收油返塔线窜至分馏塔，造成分馏塔压降大，同样使焦化塔压力升高。所以再吸收塔液位要控制平稳。

对于再吸收塔来说，是否温度越低越好

不是，温度过低，柴油黏度大，吸收效果不好，另外，冷却条件限制温度。

稳定塔压力控制以什么为原则

稳定塔压力控制应以控制液化气完全冷凝为准，即让操作压力高于液化气在冷后温度下的饱和蒸汽压。

影响液化气中 C_5 含量的因素有哪些

影响液化气中 C_5 含量因素有稳定塔底温度，稳定塔压力，稳定塔回流量及回流温度，稳定塔进料温度及进料位置，稳定塔进料组成。

稳汽蒸汽压如何控制

调节稳定塔压力，回流比，进料位置以及稳定塔底温度来控制。

稳定塔回流比过大过小有什么坏处

回流比过大，为使汽油蒸汽压合格，就必须提高塔底重沸器热负荷和塔顶冷却器负荷，这受到热源的限制。而且易造成塔顶冷却效果不好，使不凝气量增大，严重时降低液化气收率。回流比过小，精馏效果差，液化气会大量带重组分，造成产品质量不合格。

稳定塔不凝气排放与哪些因素有关

稳定塔不凝气排放与稳定塔压力，解吸效果，稳定塔顶冷凝冷却效果有关。

吸收稳定有哪些主要设备

吸收稳定的主要设备有吸收塔、解吸塔、再吸收塔、稳定塔，热虹吸式重沸器，空气冷却器，浮头式列管换热器，卧式罐、泵类等。

吸收稳定有几种塔盘

吸收稳定塔盘只有一种，条形浮阀塔盘。

吸收稳定部分各塔有多少层塔盘

T1201 有 40 层、T1202 有 40 层、T1203 有 30 层、T1204 有 40 层。

稳定岗位有几台重沸器？其作用分别是什么

稳定岗位有两台重沸器，即解吸塔底重沸器和稳定塔底重沸器，分别为解吸塔和稳定塔提供气相回流和热源，保证解吸和精馏效果。

热虹吸式重沸器原理是什么

热虹吸式重沸器原理是使重沸器安装位置低于塔底标高，形成一定位差，使塔底液体自动流出，流入重沸器。在重沸器内，部分液体被加热气化，成为气流混合物，密度显著变小，从而在重沸器入方和出方产生静压差，工艺流体不用泵就可以自然循环回塔，完成操作过程。卧式热虹吸重沸器结构实际上就是普通换热器，只是壳程折流板间距较大（通常采用600 mm），以降低压降。

热虹吸式重沸器与釜式重沸器有何区别

（1）卧式热虹吸式重沸器体积小得多。

（2）热虹吸式重沸器中油品经加热、升温，部分要气化相变，但器内没有气化空间，不进行气、液分离；釜式重沸器本身有蒸发空间。

（3）热虹吸式重沸器由于是沸腾传热，传热系数很大，因而虽然传热面积较小，但加热负荷却很大。

（4）釜式重沸器相当于塔的一块理论塔盘。

浮阀塔盘的特点是什么

（1）处理能力比舌型、筛板小一些，比泡罩塔盘大。

（2）操作弹性大。

（3）干板压降较大，比舌型、筛板塔盘大，比泡罩塔盘压降小，塔板上液面梯度较小。

（4）雾沫夹带较小。

（5）结构简单，安装方便。

什么是换热器？换热器主要有几种

换热器是让两种温度不同的介质进行热量交换，使一种介质升温，另一种介质降温的换热设备。换热器主要有三种：浮头式管壳换热器、空气冷却器、重沸器。

泵出口单向阀作用是什么

其作用是防止泵出口管线油品倒灌，若无单向阀，突然停泵，易损坏叶片、叶轮。

空冷管束为什么要加翅片

空冷管束加翅片的目的是增大散热面积，保证冷却效果。

稳定岗位有几种调节阀？各是什么调节阀

稳定岗位有一种调节阀，为气动薄膜调节阀，从用途来分有液控阀、温控阀、压控阀、流量调节阀。

自动调节系统由哪几部分组成

自动调节系统由变送器、调节器、调节阀组成。

仪表字母第一位 F、L、P、T 表示什么

F：流量，L：液位，P：压力，T：温度。

蝶阀如何进行自动→手动→自动切换

自动→手动切换时，摇动手轮，挂上档后，停动力风。手动→自动切换时，对于风开阀，把调节器信号回零，一点一点加信号，直到调节阀微动，这时可以投动力风，把手轮退回中间。

调节器输出的电信号范围是多少？调节阀风信号范围是多少

电信号：4～20 mA，风压：0.2～1.0 kgf/cm^2。

调节阀副线的作用是什么

（1）当调节阀突然失灵时，可以由副线调节流量。

（2）开停工管线吹扫时，一般先扫副线防止杂物等堵塞调节阀。

空冷器分为几种，各自冷却原理是什么

空冷器按管束布置特点可分为水平式和斜顶式。按冷却方式分为干式和湿式空气冷却器。干式空冷利用风机连续送风，使管束内流体被空气冷却；湿式空冷借助于喷淋的或呈雾化状态的少量水在翅片表面蒸发而强化传热，具有传热系数大，冷却能力强的特点。

水冷却器扫线时应注意什么

扫线进存水要放净，扫一程时另一程必须放空。

扫线时发生水击如何处理

扫线时发生水击，应马上关给汽点，沿线脱水，水脱净后重新给汽。

稳定岗位设备腐蚀主要集中在哪些部位

稳定岗位设备腐蚀主要是 H_2S、氰化物等低温电化学腐蚀，主要集中在塔器壁、塔盘及其他内部构件；富气空冷器，气液平衡罐和部分工艺管线弯头等部位。

工艺计算

（1）原油以 0.2 m/s 的速度在 $\phi 108 \times 4$ 管线中流动，计算流过直管 100 m 的压头损失。已知油黏度 20 厘泊，密度 900 kg/m³（操作温度下）压降系数 $\lambda = 64/\text{Re}$。

解：$d = 0.108 - 0.004 \times 2 = 0.1$ m

$\mu = 20$ 厘泊 $= 20 \times 10^{-3}$ kg/m·s

$u = 0.2$ m/s $\rho = 900$ kg/m^3

$\because Re = \mathrm{d}u\,\rho/\mu = 0.1 \times 0.2 \times 900/20 \times 10^{-3} = 900$

$\therefore \lambda = 64/Re = 0.071$

$h_\mathrm{f} = \lambda \mathrm{L/d} \times u^2/2\ \mathrm{g} = 0.071 \times 100/0.1 \times 0.2^2/2 \times 9.8 = 0.145$ m 油柱

（2）计算换热器对数平均温差。已知换热器热流入口温度 158 ℃，出口 100 ℃，冷流入口温度 40 ℃，出口 80 ℃，求平均温差？

解：$\Delta t_1 = 158 - 80 = 78$ ℃　　$\Delta t_2 = 100 - 40 = 60$ ℃

$\therefore t_\mathrm{m} = (\Delta t_2 - \Delta t_1)/\ln(\Delta t_1/\Delta t_2) = (78 - 60)/\ln(78/60) = 68.61$ ℃

（3）已知中段回流量为 110 m^3/h，d420 = 0.75，求质量流量为多少？

解：$\rho = 1\ 000$ d$= 1\ 000 \times 0.75 = 750$ kg/m^3

$w = Q \times \rho = 110 \times 750 = 82\ 500$ kg/h

开工三塔循环的目的是什么

（1）检验仪表、调节阀、机泵是否好用。

（2）在三塔循环过程中，将原来系统内存水带出来至脱水点脱掉。

画出稳定三塔循环流程图

V1201→P1201A、B→T1202→P1202A、B→T1204→P1204A、B→T1201→P1206A、B→V1201。

开工前稳定岗位全面大检查内容有哪些

（1）检查四塔及各容器人孔是否封闭。

（2）各冷换设备是否试压完毕，漏项是否全部处理完，循环水投上。

（3）检查空冷风机是否运行正常。

（4）各机泵是否完好，具备随时开泵条件。

（5）检查各三通阀，调节阀是否灵活好用。

简述稳定开工收油流程

由汽油罐区走精制跨线至稳定出装置处，关闭稳汽阀组各道手阀，使汽油由粗汽油出装置线倒走至粗汽油阀组，然后至 T1201。

简述开工时稳定收液化气流程

由液态烃出装置线倒走至 P1205A、B 出口，顺 P1205A、B 出入口连通线至 P1205A、B 入口至 V1202。

开工时稳定收液化气时应注意什么

必须与无关系统隔离。

（1）热旁路调节阀手阀、副线阀关闭。

（2）不凝气调节阀手阀、副线阀关。

（3）T1204 液态烃调节阀（回流）手阀、副线阀关。

开工初期加热炉应用液化气点炉升温，稳定岗位如何控制"瓦斯"和管网压力

稳定岗位用不凝气调节阀控制管网压力，将液化气通过不凝气进入瓦斯管网。

开工时为什么要用瓦斯置换充压

停工检修时，设备、管线中均充满空气，当和瓦斯混合到一定程度达到了爆炸极限，就有发生爆炸的危险，所以必须赶空气，用瓦斯置换充压。

瓦斯充压流程

由瓦斯管网入→T1203→T1201→V1201→T1202

┗→不凝气线→V1202→T1204

开工三塔循环时为什么会在 E1202、E1203 处存水

开工初期汽油中带水，随三塔循环会进入 E1202，E1203，由于 E1202 是最低点，P1202A、B 入口管线是连接在 E1202 入口管线上的，所以水会存在 E1202 处；由于 E1203 是最低点，去 P1204A，B 入口管线是连接在 E1203 入口管线上的，所以水会存在 E1203 处。

三塔循环时最易抽空的泵有哪些

三塔循环时，最易抽空的泵有 P1202A、B 和 P1204A、B。

开工时什么时候粗汽油改进稳定

稳定三塔循环正常，气压机运转正常，分馏中段回流泵、重蜡油及回流泵运行正常后，稳定引底部热源。E1202、E1203 按 50 ℃/h 速度升温，当 T1202 压力 0.8 MPa 左右，温度 130 ℃，T1204 压力 0.9 MPa 左右，温度 150 ℃时，粗汽油改进稳定。

停工前稳定岗位应先做哪些工作

（1）检查试通高压瓦斯系统，确保畅通。

（2）停富气水洗。

（3）停 T1203。

停工时气压机停后，稳定岗位做什么

保持系统压力，停 T1201 吸收剂，将 V1201、T1201、T1202、T1204 油靠系统压力压出装置，T1203 油全部压至 T1102，V1202 液态烃全部送出装置。

停工时 E1203 油全部退净后应注意什么

应及时关闭稳汽出装置手阀，防止粗汽油倒回 E1203 内。

停工后液态烃线如何处理

液态烃外线用水顶,将 P1205A、B 入口水盲板拆除,开泵打水,将 T1204 顶回流阀关, 水顶外线。

停工后系统内瓦斯如何处理

系统内瓦斯有干气,不凝气排放到火炬中。

稳定塔有几路进料,都在多少层塔盘? 稳定塔进料哪一路开的原则是什么

有三路进料,分别在 11 层、15 层、19 层。根据进料气化程度选择进料位置,进料温度高时,气化程度高,气相中重组分多,应开下进料口;进料温度低时,使用上进料口。一般冬季开上口,夏季开下口。

影响稳定塔压力的因素有哪些

(1) T1204 底温。

(2) T1202 解吸效果。

(3) T1204 进料量、组成、位置及温度变化。

(4) 顶回流量变化引起 E1207 负荷变化。

(5) E1207 冷却效果差,不凝气量大。

(6) T1204 顶压控阀调节失灵,压力波动。

(7) T1204 顶温。

(8) 原料带水,塔顶压力上升。

(9) V1202 压力及液面变化。

(10) T1201 吸收过度,T1202 解吸负荷大。

(11) 仪表失灵。

干气带油原因是什么

（1）T1203 吸收剂量小或吸收剂温度高，吸收效果差。

（2）T1203 压力低，干气中 C_3 含量上升。

（3）T1201 操作不正常，顶温过高或吸收剂量过大使贫气大量带油。

（4）T1203 液面高，干气带油。

（5）T1203 压控失灵全开。

（6）T1201 冲塔。

干气带油有什么后果

（1）损失油品。

（2）锅炉使用瓦斯做燃料时，燃烧效果不好，炉子冒黑烟。

（3）有干气膨胀机的装置，干气带油会打坏膨胀机。

干气采样口为什么会有水存在

（1）柴油微量带水。

（2）T1203 顶瓦斯带有微量水存在 PIC1203 调节阀处。

稳定岗位为什么必须维护低压瓦斯线畅通

低压瓦斯线是焦化装置最重要的紧急备用线之一，可以说是一条生命线。事故状态下，富气及高压瓦斯由此放火炬，平时必须保证其畅通。

V1201 界位高是什么原因

（1）V1201 脱水调节阀失灵，造成界位上升。

（2）富气注水量大。

（3）粗汽油大量带水。

吸收塔压力突然下降可能存在什么问题

（1）有可能是气压机停机，压缩富气中断。

（2）可能是 T1203 操作异常，液位空造成压力下降。

（3）干气管网压力突降。

V1201 液位满有何后果

会造成富气中大量带油，造成干气带油，严重时憋气压机出口压力，还会造成解吸塔压力上升。

为什么空冷要排在水冷前面

因为一般水温比大气温度低，如果先经过水冷再接空冷，基本上起不到冷却作用。

是否可用提高塔压力的办法来解决不凝气排放问题

适当提高稳定压力，相应地提高了液化气泡点温度，这样，在液化气冷后温度下，易于冷凝利于减少不凝气，但提高塔压后，为保证稳定汽油蒸汽压合格，就必须提高塔底重沸器热负荷，往往会受到热源不足的限制。

稳定热源不足有哪些现象

解吸效果不好，液化气中 C_2 组分增加，不凝气排放量大，液化气产率下降，T1204 底温低汽油蒸汽压难以控制。

热旁路阀在什么位置上？起什么作用

热旁路调节阀在 V1202 罐上，用于协助控制 V1202 罐压力。

汽油带水，对稳定岗位有什么影响

汽油带水，T1202、T1204 底温波动，温度下降，塔压力波动，稳定汽油蒸汽压不合格。

稳定岗位有几台安全阀，定压多少

共有三台，定压如下：

T1201 顶安全阀，定压 1.43 MPa。

T1202 顶安全阀，定压 1.48 MPa。

T1204 顶安全阀，定压 1.38 MPa。

稳定汽油作为补充吸收剂，量过大有什么不好

稳定汽油作为补充吸收剂量过大必然会增加来回输送流体的动力以及重沸器的负荷，从这两方面考虑，用产品大量做补充吸收剂是划不来的。

分馏热源不足时，稳定可采取哪些措施

（1）提高汽油冷后温度。

（2）降 T1201 补充吸收剂量，减小热负荷。

（3）降 T1204 压力及回流比。

（4）改上进料口。

压力高对吸收有利，是否压力越高越好

一般来说，吸收塔压力被压缩机出口压力限制住，如果需要采用高压吸收，就必须采用大压缩机，更换吸收塔材料，壁厚增加，费用增加。

稳定汽油出装置以什么为动力

稳定汽油出装置以 T1204 压力为动力将汽油送出去。

稳定塔进料位置对汽油蒸汽压有何影响

进料位置靠上，提馏段塔板数增加，有利于蒸汽压控制，反之不利于蒸气压合格，生产中可以根据实际情况决定采用哪一点进料。

稳定塔回流比对液态烃质量有何影响

回流比过小，精馏效果差，液化气会大量带重组分；回流比过大，液态烃质量虽然合格，但为保证塔底汽油合格，就要增加塔底热负荷，受到热源限制，还会增大塔顶冷凝、冷却器负荷。

汽油中各种烃类辛烷值大小的规律是怎样的

同样烃类，小分子烃类辛烷值高，芳烃异构烃类辛烷值高。

T1202 底温一般控制在多少？底温过高，过低有什么不好

T1202 底温一般在 130 ℃左右。底温过高解吸过度，大量 C_3、C_4 甚至更重组分被解吸出来，增大了吸收塔负荷，易造成干气中 C_3 超标，损失液化气。

简述投 T1203 步骤

（1）首先检查室外液位显示与室内液位显示是否一致（在 T1203 有液位的情况下）。

（2）打开吸收油调节阀前后手阀及调节阀。

（3）当 T1203 液位达到 50%时，开富吸收油调节阀，向 T1102 送富吸收油。

如何判断 P1204A、B 抽空

（1）T1201 补充吸收剂量大幅度晃量。

（2）T1201 液位下降。

液化气中 C_1 含量 1.1%（V），C_2 含量是 0，是什么原因？该样是否合格

C_1 含量 1.1%（V）是由于采样操作不当采入空气所致，分析中造成 C_1 含量达 1.1%，并不是稳定岗位操作原因，该样在馏出口考核中视为不合格。

稳定设有哪几个回流

T1201 中段回流，T1204 顶回流。

汽油干点突然超高有什么原因？应采取哪些措施

（1）可能是 T1102 操作有较大波动，中段回流中断等原因造成冲塔，使汽油干点高。

（2）可能是 E1203、E1202 管程外漏导致，可以适当提 E1202、E1203 壳程压力，严重时停塔处理。

稳定岗位能否控制汽油干点，为什么

不能。因为汽油干点是在 T1102 分割产品中决定的，在稳定岗位只是将汽油与富气重新精制，不能调整干点。

粗汽油中断，稳定如何处理

（1）降低稳定汽油出装置量。

（2）适当增加 T1201 补充吸收剂量，保持 T1201、T1202、E1203、V1201 液位。

（3）降低 E1202、E1203 热负荷，防止超温超压。

（4）与分馏联系切换泵，保证粗汽油供应。

（5）如果粗汽油中断时间较长，维持不住时可以将富气切出，稳定系统保压，维持好三塔循环。

压缩富气中断有何现象

（1）压缩富气流量指示回零。

（2）T1203 压力下降，V1201 液面下降，干气量下降。

气压机突然停机，稳定如何操作

（1）停富气注水。

（2）粗汽油可以照常进稳定，保证汽油蒸汽压合格。

（3）憋压保持系统压力，维持三塔循环。

T1204 顶回流中断有哪些原因

（1）P1205A、B 故障。

（2）V1202 压力低，T1204 压力高。

（3）V1202 液位低，温度高，泵抽空。

T1204 顶回流中断稳定岗位如何处理

（1）迅速降 E1203 温度，以防超温超压。

（2）及时查找原因，如因 V1202 压力低，造成 P1205A、B 抽空，应适当提高 V1202 压力，保证泵入口压力。

（3）提高 E1207 冷却效果，及时降 V1202 及稳定塔压力。

（4）长时间恢复不了，可将富气切出。

气压机出口憋压是什么原因

（1）T1203 压力过高或瓦斯管网压力高。

（2）T1203 压控阀失灵全关。

（3）V1201 或 T1201、T1203 满造成憋压。

汽油送不出去可能是什么原因

（1）稳汽出装置调节阀失灵全关。

（2）精制系统阀失灵全关。

（3）罐区改错线，整个汽油线憋压。

冬季生产，稳定岗位防冻重点是什么

空冷管束、塔顶安全阀、低压瓦斯线，事故状态下要特别注意停富气水洗，然后风吹扫，各空冷风机要及时关掉。

冬季生产切断进料，稳定岗位应注意什么

（1）立即停富气水洗，用风吹扫管线存水。

（2）及时停空冷风机。

（3）通知精制、粗汽油直接出装置，精制改走跨线。

（4）停 T1203。

循环水中断，稳定岗位受何影响

稳定岗位受影响不十分大，汽油冷后温度要上升，受前部影响较大，富气来量增大，有可能带油。

稳定岗位各安全阀泄压至何处

低压火炬线处。

T1201 粗汽油、稳定汽油吸收剂分别进入哪一层塔板

4 层和 1 层。

稳定四塔直径是多少

T1201：$\phi1.6$ m，T1202：$\phi1.6$ m，T1203：$\phi1.4$ m，T1204：$\phi1.4$ m/$\phi1.8$ m。

采液态烃样应注意什么

防止冻伤，气囊要置换干净，防止采入空气，造成 C_1+C_2 超标，进而使液化气馏出口不合格。

稳定塔为什么要控制一定的回流比来控制质量而不采用控制顶温的办法

采用适宜的回流比来控制质量是稳定塔操作的一个特点，稳定塔首先要保证汽油蒸汽压合格，剩余轻组分从塔顶蒸出，塔顶液化汽是多元组分，组成的微小变化从温度上反应不够灵敏。因此，稳定塔不可能采用控制塔顶温度的方法控制，而是要控制一定的回流比。

液化气冷后温度高有什么弊端

可能造成塔内分离效果变差，液化气带 C_5。在压力相同时，液化气冷后温度高，易造成液化气不能全凝，不凝气量增大，排放不凝气后损失液化气收率。

富气注水内部结构形式如何

内部是弯头形式，如图 2-2 所示。

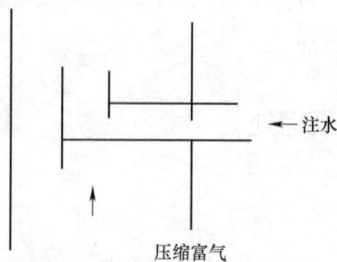

图 2-2 富气注水内部结构形式

稳定岗位排放污水的部位和指标是多少

主要排放点是 V1202、V1203 脱水，排放指标含量 $<300\times10^{-6}$，pH6.5～8.0。

140

脱硫部分

砂滤塔的作用

砂滤塔的作用是脱除液化气中的碱雾、水分。

预碱洗罐起什么作用

通过碱液与液化气在 MI1301、V1312 中混合，洗掉液化气中的 H_2S，更好地为脱硫醇抽提塔服务。

哪些泵有新鲜水线

碱液泵（P1308A，B）、催化剂碱液循环泵（P1306B）。

脱硫岗位什么地方用净化风

脱硫岗位仪表用净化风。

脱硫岗位什么地方非净化风

氧化塔和吹扫管线用非净化风。

脱硫岗位什么地方用氮气

脱硫岗位的氮气是用来吹扫管线地。

硫醇含量不应大于多少

硫醇含量不能大于 10×10^{-6}。

开工要求都有哪些

（1）由车间组织全体操作员，学习讨论开工方案，要求上岗考试合格。

（2）开工要做到由车间统一指挥，班长负责岗位人员操作。

（3）严格遵守开工方案和操作规程，严禁违章作业。

（4）各岗位在开工中要做到不跑油、不冒罐、不窜油、不着火、不爆炸、设备不超温、不水击、不憋压、不出人员伤亡事故。

开工前全面大检查都有哪些内容

（1）检查各限流孔板是否安装齐全、正确。

（2）检查各盲板是否按规定拆、安装完毕。

（3）检查所有阀门是否按规定开关好用。

（4）检查所属设备、管线是否符合工艺要求。

（5）检查各安全阀是否按规定定压完毕。

（6）检查各就地指示温度计，压力表是否安装完毕。

（7）检查本装置所有供电系统是否具备供电条件。

（8）检查各台仪表是否装好。

（9）检查消防器材，防毒设备是否齐全，性能是否可靠。

（10）检查装置内卫生清洁，达到开工要求。

事故处理原则是什么

事故发生后，操作员一定要进行初步处理，控制其发展，防止诱发新的事故，同时通知车间和厂调度；情况紧急时可先切断进料再汇报，发生事故时，操作员要保持镇静，正确判断，果断处理，要绝对避免惊慌失措，各岗位严格按"操作规程"中有关规定进行操作，但要听从班长指挥。加强岗位间的联系和配合，事故状态时，液化气改直接出装置，处理事故时，应遵循首先考虑安全第一，防止事态扩大，其次考虑尽可能地缩短恢复操作时间和尽可能减少经济损失的原则。

停工扫线时应注意哪些事项

（1）停工扫线时应注意不能水击，不能憋压、不能伤人、不能留有死角。

（2）吹扫结束后放掉管线以及设备容器内存水。

（3）系统进液化气防止气化吸热导致的冻凝事故。

停工扫线时水击你如何处理

停工扫线时有水击出现，应先停掉蒸汽加强脱水，或者用氮气进行吹扫。

停工要求有哪些

（1）停工过程中做到统一指挥，密切配合，有条不紊，忙而不乱，做到安全平稳文明停工。

（2）接到停工命令后，方可进行停工操作。

（3）停工中尽量少出不合格产品，做到不跑油，不跑碱。

（4）停工后做好水顶液化气及 N_2 吹扫工作，保证不留死角。

（5）所加盲板要做好记录，人孔从上往下打开。

净化干气及液化气硫化氢含量的影响因素及调节方法是什么

（1）影响因素

① 贫液浓度的变化。

② 溶剂贫液量的变化。

③ 溶剂再生效果差，溶剂贫液中硫化氢含量高。

④ 贫液入塔温度的变化。

⑤ 原料温度的变化。

⑥ 原料中的硫化氢含量的变化。

⑦ 原料量的变化。

⑧ 脱硫塔压力的变化。

（2）调节方法

① 正常情况下，净化后的干气及液化气硫化氢含量由溶剂量的大小来控制。

② 联系厂调度提高溶剂浓度。

③ 联系厂调度降低贫液中的硫化氢含量。

④ 联系厂调度控制好贫液温度。

⑤ 适当降低原料温度。

⑥ 原料中硫化氢含量增加,可以提高溶剂量或联系厂调度提高溶液浓度。

⑦ 原料量增加,相应增加溶剂量。

⑧ 提高脱硫塔压力。

干气脱硫塔压力的影响因素及调节方法是什么

(1) 影响因素

① 干气量的变化。

② 高压瓦斯管网压力的变化。

③ 仪表失灵。

(2) 调节方法

① 联系稳定岗位控制干气来量平稳。

② 联系调度瓦斯管网撤压。

③ 仪表失灵,及时改手动或副线控制,联系仪表工处理。

④ 紧急时可以通过塔顶泄压线泄压。

液化气脱硫抽提塔压力的影响因素及调节方法是什么

(1) 影响因素

① 液化气量的变化。

② 液化气罐区系统故障憋压。

③ 仪表失灵。

(2) 调节方法

① 联系稳定岗位控制液化气来量平稳。

② 联系调度泄压。

③ 仪表失灵，及时改手动或副线控制，联系仪表工处理。

富液闪蒸罐（V1303）液位的影响因素及调节方法是什么

（1）影响因素

① V1303 液位调节阀的开度变化。

② V1303 压力的变化。

（2）调节方法

① 用 V1303 液位调节阀控制富液闪蒸罐液位平稳。

② 控制 V1303 压力平稳。

液化气预碱洗沉降罐（V1312）界面的影响因素及调节方法是什么

（1）影响因素

① 碱液循环泵出现故障，V1312 界面下降。

② 液化气带水严重，界面上升。

③ 碱液循环线堵塞，造成界面下降。

（2）调节方法

① 联系维修处理碱液循环泵，控制碱液界面，泵修好后及时开泵，调整碱液界面。

② 发现 V1312 界面上升快，应及时联系稳定岗位解决液化气带水问题。

③ 发现碱液循环线堵塞，一是进行蒸汽吹扫，启用伴热线，二是联系维修处理循环线。

硫醇含量的影响因素及调节方法是什么

（1）影响因素

① 碱液循环量小，碱液浓度过低，碱洗效果差，硫醇含量高。

② 催化剂失活，硫醇含量高，液化气带水严重，也会出现硫醇含量高。

（2）调节方法

① 增大碱液循环量，提高碱液浓度，降低硫醇含量。

② 联系厂调度收催化剂碱液，本岗位处理液化气带水问题，保证硫醇含量合格。

碱洗后液化气中 H_2S 含量的影响因素及调节方法是什么

（1）影响因素

① 碱液循环量或浓度低，H_2S 含量上升。

② 液化气进料波动，碱洗效果不好，造成 H_2S 含量上升。

③ 碱液循环泵故障，造成碱洗进料中断，H_2S 含量上升。

（2）调节方法

① 加大碱液循环量，提高碱液浓度，降低 H_2S 含量。

② 联系前部稳定岗位，平稳进料，加强碱洗效果，降低 H_2S 含量。

③ 联系维修处理碱液循环泵，控制碱液界面，泵修好后及时开泵，调整碱液界面，控制 H_2S 含量。

水洗碱沉降罐（V1313）液面的影响因素及调节方法是什么

（1）影响因素

① 液化气进料量大，液面上升。

② V1313 压力过低，液化气出装置受憋，造成液面上升。

（2）调节方法

① 正常时 V1313 液面由液控阀自动控制，保持其液面在 40%～50%。

② 调整好操作，适当开一些液控阀副线，控制好液面。

③ 适当关液化气出装置压控调节阀或副线阀，提高 V1313 压力，液化气出装置受憋时，及时联系厂调度，解决后路问题，同时 V1313 液面上升很快时，应打开 V1313 安全阀副线，保持其液面在 40%～50%。

干气脱硫塔超压的现象、原因、处理方法是什么

（1）现象

塔压力升高，压力上限报警。

（2）原因

① 瓦斯管网憋压。

② 处理量突然大幅度增加。

③ 压控阀失灵全关。

（3）处理方法

① 及时联系厂调度撤瓦斯管网压力，紧急时可以通过泄压线泄压。

② 仪表失灵，及时改手动或副线控制，联系仪表工处理。

液化气脱硫抽提塔超压的现象、原因、处理方法是什么

（1）现象

塔压力升高，压力上限报警。

（2）原因

① 后部憋压。

② 处理量突然大幅度增加。

③ 压控阀失灵全关。

④ T1301 满塔。

（3）处理方法

① 及时联系后部撤压，紧急时可以通过泄压线泄压。

② 仪表失灵，及时改手动或副线控制，联系仪表工处理。

③ T1301 满塔，及时降低贫液入塔量，并加大富液外送量。

T1301、T1302 液面高的原因、处理方法是什么

（1）原因

① T1301、T1302 液面指示失灵。

② 后路系统压力太高。

③ 进料量突然增大，后路不畅通。

（2）处理方法

① 联系仪表处理，加强现场液位指示的检查。

② 联系厂调度降低后路系统压力。

③ 联系稳定岗位控制平稳来脱硫的量，如果是稳定来量突然大幅度增加，及时联系稳定岗位调整操作。

净化干气带胺的原因、处理方法是什么

（1）原因

① 进料量突然增大或波动。

② 原料干气量过大超过允许空塔速度。

③ 液相负荷过大。

④ 贫液冷后温度过高。

（2）处理方法

① 联系稳定岗位平稳操作。

② 联系稳定岗位稳定进脱硫干气量。

③ 若原料量过大，超过允许空塔速度，可将部分原料量改走副线。

④ 降低贫液量。

⑤ 联系厂调度搞好贫液冷后温度的控制。

液化气和干气中断的原因、处理方法是什么

（1）原因

① 焦化部分故障或气压机故障，引起干气中断。

② 稳定部分故障，不出液化气，引起脱硫原料液化气中断。

（2）处理方法

① 若原料干气中断，停止接受原料，及时关闭净化干气出装置阀，当

稳定系统压力低于本系统时，及时关闭稳定干气来的手阀，以保证系统内压力。

②若原料液化气中断，视 T1305 液位，及时关闭液化气出装置阀。

③在原料干气、液化气中断时，维持好操作，随时准备接受原料干气和液化气。

设备管线贯通吹扫试压的目的是什么

（1）对设备管线进行贯通，保证设备管线畅通。

（2）把施工中残留在设备管线中的杂物吹扫干净。

（3）检查管线设备存在的缺陷、漏洞，及时处理。

如何对设备进行蒸汽试压

（1）改好蒸汽吹扫流程。

（2）蒸汽吹扫贯通。贯通后开始试压。试压时，系统达到试压值 20 分钟后，即进行检查，发现问题要详细记录，泄压处理，处理完毕后重新给汽，直至合格为止。

设备进行蒸汽试压注意事项有哪些

（1）流程准确，阀门开关到位。

（2）安全阀手阀应关闭。

（3）给汽前，蒸汽先脱水，充压与泄压应缓慢进行，泄压后应有防止设备抽负压措施。

（4）注意安全，防止烫伤。

开工时系统赶空气，瓦斯置换充压目的是什么

赶净系统内的空气，使设备内气体的氧含量＜1.0%（v）。

开工时系统赶空气，瓦斯置换充压注意事项有哪些

（1）开始置换时，瓦斯不宜开得过大，防止因泄漏而使瓦斯大量外泄。

（2）防止高压串低压。

（3）详细检查排凝、放空，严禁超压，严禁跑瓦斯。

停净化风如何处理

开启各控制阀的副线阀，改手动控制。

停非净化风如何处理

补充新鲜碱液，增大碱液循环量、催化剂碱液循环量，加强碱洗，液化气按正常流程出装置，将非净化风入 T1306 阀关闭，防止催化剂碱液倒窜。

停新鲜水如何处理

短时间停水，更换润滑油，润滑油箱用循环水外浇冷却；长时间停水，按停工处理。

造成系统憋压的原因有哪些

罐区改错线造成系统憋压，液化气出装置调节阀失灵全关造成系统憋压。

如果是罐区的原因造成液化气系统压力上升快，将如何处理

如果系统压力上升是罐区造成的，这时就必须打开安全阀副线阀，通知厂调度液化气改走安全阀泄压线。

V1313 液控阀的失灵，如何处理

V1313 液控阀失灵，这时就改用副线阀手动控制，联系仪表处理调节阀。

碱液循环线不畅如何处理

发现碱液循环线不畅，应及时降低碱液浓度，投伴热线，联系维修处理管线。提高系统压力，提高碱液循环量，增大流速。

净化风带水如何处理

加强净化风管线低点排凝，联系厂调度解决净化风带水问题。

碱液泵入口新鲜水何时使用

配碱液浓度时使用碱液泵入口新鲜水。

甩掉液化气脱硫醇部分时，液化气如何出装置

甩掉液化气脱硫醇部分时，液化气改走 DN50 跨线直接出装置。

如何投换热器

（1）先投冷流，再投热流。

（2）投用过程应缓慢进行，防止因温差变化大使设备出现漏项。

V1312 入口混合器起什么作用

V1312 入口混合器作用是使液化气与碱液混合，洗掉液化气中的 H_2S。

碱渣罐何时投用

开工后建立碱液循环时投用碱渣罐。

碱液罐何时投用

碱液罐在开工之前投用。

冬季巡检内容有哪些

冬季巡检应检查各条件热线畅通，调节阀副线过量，一次表好用，各罐底排凝无冻凝，风线低点排凝微过量。

如何维护好液化气系统冬季生产

保证各罐排凝畅通，风线无冻凝，各条伴热线畅通。

混合器前后压力表有什么作用

混合器前后压降过大，有可能混合器堵塞现象或者形成气阻。混合器前后压力表的主要作用是测量和显示管道或设备中的压力值，确保系统正常运行。当压力波动较大时，压力表可以提供实时的压力读数，帮助操作人员及时调整系统，防止因压力异常导致的设备损坏或安全事故。

设备部分

除焦系统

高压水泵

高压水泵泵组包括哪些部分

高压水泵泵组包括：高压水泵、增速箱（齿轮箱）、高压电机。

高压水泵的性能参数有哪些

高压水泵的性能参数为：流量 250 m³/h、最小流量 110 m³/h、扬程 2 880 m、轴功率 2 737 kW、转速 3 780 r/min、效率 71.5%、汽蚀裕量 9.4 m。

高压水泵的型号为？叶轮级数为多少

高压水泵的型号为 TDQG250—290×10，叶轮级数为 10 级。

高压水泵机械密封冲洗方式和介质是什么？压力和流量为多少

机械密封冲洗方式为外冲洗，冲洗介质为软化水，压力为 0.2～0.3 MPa，流量为 2.2～2.7 m³/h。

齿轮箱低速轴和高速轴转速各为多少

齿轮箱低速轴转速为 1 492 r/min，高速轴转速为 3 780 r/min。

高压水泵电机型号、额定电压和额定功率是多少

高压水泵电机型号为 YKS710-4，4 级，额定电压为 6 000 V，额定功率为 3 300 kW。

高压水泵电动机采用怎样的冷却方式

高压水泵电动机的冷却方式为全封闭水——风冷却。

启动高压水泵应具备哪些条件

（1）主控柜接通电源。

（2）盘车检查无异常，给上密封冲洗水和电机冷却水。

（3）润滑油系统运行正常，到各注油点油压及流量正常。

（4）高位水罐液位正常。

（5）除焦控制阀处于回流状态。

（6）完成选塔。

（7）泵允许启动进行确认。

高压水泵联锁停机有哪些

（1）泵吸入口压力低跳闸，联锁（停机）。

（2）高位水罐液位低跳闸，联锁（停机）。

（3）润滑油压力低，延时 0.5 s，联锁（停机）。

（4）高位水罐液位低，联锁（停机）。

（5）PLC 掉电跳闸（停机）。

（6）阀位不正常跳闸（停机）。

润滑油箱为什么要装有透气管

油箱透气管能排出油中的气体和水蒸气，使水蒸气不在油中凝结，保持油箱中的压力接近于零，使轴承回油顺利流入油箱。如果油箱密闭，大量气体和水蒸气就会在油箱中积聚因而产生正压，使回油困难，造成油在轴承两侧大量漏出，同时也使油质劣化。

箱进油管上的节流孔板起什么作用

轴承进油管都装有节流孔板，一般都装在下瓦上。通过节流孔板来控制进油量，使油的温升维持在 12～15 ℃，以保证轴瓦工作正常。

轴承上的润滑油膜是怎样形成的？影响油膜的因素有哪些

油膜的形成主要是由于油有一种粘附性。轴转动时将油粘在轴与轴承上，由间隙大到小处产生油楔，使油在间隙小处产生油压，由于转速的逐渐升高，油压也随之增大，并将轴向上托起。

影响油膜形成的因素很多，如润滑油的黏度、轴瓦的间隙、油膜单位面积上承受的压力等等。但对一台轴承结构已定的机组来说，最主要的因素就是油的黏度，因油质劣化，造成油的黏度上升或下降，都可能使油膜被破坏。

机组在启动前为什么必须拆卸润滑油临时过滤网

在机组新安装或检修以后，为将油管路中残留的少量棉纱头、金属屑及泥沙等杂物清洗干净，一般采用油循环冲洗的方法。为了防止上述杂物进入轴承，都在各轴承进口法兰中加入临时过滤网，并在每个过滤网前安装了压力表，根据压力上升的情况，清洗各进油滤网，直到油压不再上升、滤网上没有杂质为止。在机组启动前，必须将各轴承进口的过滤网拆除，不能遗忘。否则在机组长期运转后，滤网上或多或少会积存杂物造成阻力增加，使轴承前油压下降，以致轴承因缺油而烧毁，或者被迫停机。

如何控制润滑油温度

控制润滑油的温度有两种方法：

（1）由人工控制冷油器的冷却水量来调节润滑油的温度。

（2）自动控制润滑油的温度。它是通过润滑油箱内的电加热器来自动调节润滑油的温度。当油温低于 30 ℃时，电加热器自动接通电源，将润滑油加温，当油温超过 30 ℃时，电加热器自动切断电源停止加热，保证润滑油的温度。

轴承温度为什么升高

部分轴承温度升高的原因如下。

（1）轴承进油管线堵塞，轴瓦合金损坏。

（2）接合面不平，轴承间隙过小。

所有轴承温度升高的原因：

（1）油压过低，油量减小，如油管破裂，堵塞，油泵工作失常等。

（2）冷却水中断，冷却水压力下降，冷却水管线堵，造成油温过高。

（3）润滑不良，油质变化。

润滑油的作用是什么

（1）润滑作用，降低摩擦减少摩擦磨损。

（2）冷却作用。

（3）冲洗作用。

（4）密封作用。

（5）减振作用。

（6）卸荷作用。

（7）保护作用。

除焦部分

起重柱塞和保护筒升降失灵事故预防及处理

原因:

（1）柱塞密封漏油或油箱内油量太少。

（2）柱塞杆弯曲，斜线型的开度不平衡，使三个柱塞阀升降速度不同。

（3）油管或阀门堵塞或局部机械有卡阻现象。

处理:

检查原因，联系处理。

什么是卡钻

现象:

钻孔器或切焦在下降过程中被卡住而不能转动，甚至不能升降。

原因:

（1）上部焦炭掉下来卡住。

（2）工艺条件不正常，反应不完全，焦炭质量差而有黏油。

（3）扩孔时孔扩的不够。

处理:

（1）带水提钻，加大流量，重新下钻，在提钻时注意高压泵的电流变化。

（2）如提不动，将下部塔底盖上好，联系操作岗位给水，采取带水提钻。钻提上后，放水、拆盖，重新操作。

什么是塌方

现象:

焦炭塌方，钻杆突然发生剧烈振动，焦动碰钻头，38°斜溜槽堵塞跑焦。

原因:

焦炭质量不好，切焦时切距过大，焦炭出现悬臂。

处理：

（1）立即提钻停水，重新切焦。

（2）遇到塌方造成卡钻事故时，不允许快速提升钻杆，只允许不停高压水的情况下使最低转速提升钻杆。

什么是水涡轮故障

现象：

溜槽不见焦炭下落。

原因：

（1）组装不合要求。

（2）配件损坏。

（3）升压过快。

（4）水涡轮漏水严重，水压损失过大。

（5）可能水涡轮不转。

处理：

提钻切换高压水后，更换水涡轮，或停泵更换水涡轮配件。

什么是焦炭塔钻孔时顶钻

现象：

（1）钢丝绳松弛。

（2）钻杆旋转困难。

（3）电流表指针波动大。

原因：

（1）下降速度太快，转速太慢。

（2）压力、流量不够。

（3）若一切操作指标都在控制范围内，则发生顶钻是因为焦炭硬度太大。

（4）采用风动水龙头时风压太大，造成孔偏斜。

处理：

在开始发现轻微顶钻时，司钻应立即停止下钻，在原处停留几秒或上提 300 mm 再行下钻，根据以上办法处理都无效时，应立即提钻切换高压水，检查原因，分别处理。

什么是钻孔偏斜

现象：

长时间钻不透孔，且有钻头撞击塔壁的声音，往复提钻时钻头有挂卡现象，透孔后水流在焦溜子上靠一边泻流，提钻扩孔时又堵住不淌水。

原因：

下钻速度过快造成偏孔；使用风动水龙头时风压给的过大；下钻时钻杆不在塔的中心位置。

处理：

发现偏孔后应提钻头，从歪斜处或从焦面上重新缓慢下钻，由上至下纠偏，直至下塔口全扩开为止，如果因设备原因造成下钻偏孔，除焦后可请维修人员处理。

切焦过程中焦炭堵住下塔口如何处理

现象：下溜槽不落焦炭，水流量减少。

原因：焦炭较软，切焦过程中造成塌焦或焦炭硬度大，特殊大块焦炭下落堵住塔口。

处理：发现堵塔口，应切换钻头改为钻孔，破碎焦块，重新钻透下塔口。

高压水胶管突然裂坏原因及处理

现象：

高压水外溢，塔顶高压水线上压力指示降低或回零。

原因：

（1）胶管制作质量差，抗压能力低。

（2）胶管扭劲或折弯力矩致使内部结构损坏。

（3）胶管受外力挤压或拉伸致内部损坏。

（4）水压超高，使胶管超载荷损坏。

处理：

（1）发现胶管损坏，应立即停高压水泵。

（2）更换新管。

除焦过程中分哪三个阶段

（1）第一阶段为钻孔。

（2）第二阶段为扩孔。

（3）第三阶段为切焦。

全井架除焦系统钻孔时应注意的事项

（1）严防钻孔偏斜造成顶钻，当落钻有卡阻时，因水涡轮不转（不易发现）、风动马达憋住钻杆停转或减慢时应立即往上提钻，正常后再下钻。如水涡轮不转应检查其故障。

（2）注意观察支点轴承架的正常运行，高压焦管或风管不挂卡。

（3）注意观察游车大钩的钢丝绳不得松脱。

支点轴承出轨的原因有哪些

（1）钻杆弯曲。

（2）落焦时使钻杆偏斜。

（3）轨道本身弯曲。

除焦控制阀有哪几种工作状态

除焦控制阀有三种工作状态，依次是回流、予充、全开。

钻机绞车在控制切焦器升、降过程中有哪些联锁

（1）切焦器下降到塔内 5 m 处时，对应塔的高压水线上阀门打开。

（2）切焦器运行到塔下极限时自动停止下降。

（3）除焦控制阀没在回流状态时，切焦器运行到距塔口 5 m 处时自动停止。

（4）除焦控制阀在回流状态时，切焦器提升到塔口 5 m 处时，高压水管线阀门自动关闭，切焦器可以提出塔外。

（5）切焦器在塔顶上极限处自动停止。

全井架除焦控制系统钻杆升降过程中有哪些限位开关

（1）T*1SP 是塔顶极限位开关。

（2）T*2SP 是钻具塔口接近开关。

（3）T*3SP 是塔内 5 m 处限位开关。

（4）T*4SP 是钻具下极限接近开关。

（5）T*5SP 是钻具位移计数开关。

（6）T*6SP 是钢丝绳张紧器动作开关。

（7）其中*代表 A、B 两塔。

焦炭塔下塔门漏油着火原因及处理

原因：

（1）上塔门钢圈时密封槽没清理，槽内残留焦炭颗粒。

（2）上钢圈时不注意，密封面受损。

（3）塔门密封蒸汽未投用，造成密封泄漏。

（4）塔门的螺栓把的不紧或受力不均匀。

（5）塔内温度急剧变化，热紧不及时。

处理：

（1）泄漏轻微时可用蒸汽掩护，进行热紧螺栓。

（2）泄漏严重引起火灾时，必须及时向报火警，同时组织人员用蒸汽和灭火器材灭火。

（3）在切换塔后老塔小给汽时新塔漏油着火，如处理不了，可再切回老塔，这时应注意老塔的压力变化情况。

（4）如新塔生产很长一段时间，发生漏油着火，无法灭火，又不能切，加热炉应迅速降温到 400 ℃以下，降低处理量，进料改到接触冷却塔，按紧急停工处理。

焦炭塔门螺栓打开后法兰盖提不动原因及处理

原因：焦炭塔放水时油气线上的放空阀未开或堵塞，水放不净，使塔内产生负压，法兰盖打不开。

处理：打开油气线上的放空阀，使空气进入塔内，法兰盖即可打开。

高压水管线的压力突然波动或降低的原因及处理

原因：

（1）切焦器喷嘴有堵塞现象。

（2）喷嘴脱落。

（3）高压胶管破裂或内胶损坏堵塞管线。

（4）切焦器损坏或切焦器脱落。

（5）高压水管线阀门损坏。

处理：

（1）管线压力大幅度波动应立即停泵，根据现象检查出现问题的部位，排除故障后再除焦。

（2）如果压力稍有波动后能够稳定，可切换回水提出钻头检查切焦器是否堵塞。

怎样预防塔下门子漏油

（1）在上塔门时密封槽清理干净，严禁槽内残留焦炭颗粒。

（2）上钢圈时不要把密封面碰坏。

（3）塔门密封蒸汽要投用，防止造成密封泄漏。

（4）塔门的螺栓要对称把紧，使其受力均匀。

（5）塔内温度急剧变化时，发现有渗漏迹象要及时热紧。

切焦时如何才能避免粉焦过多

切距要适当，切距越小则焦粉量越多，而切距过大，又易塌方，一般以 0.5～0.6 m 为宜。经常检查喷嘴直径，避免因喷嘴损坏而影响射流质量。

天车系统

什么是桥式起重机

横跨在两个承轨梁上方，如同桥形的起重设备，通称为桥式起重机，也称天车。

什么是吊车的上拱度

以天车主梁两端上平面对应点连线为基准，主梁跨中标高高出基准线的高度，称为主梁的上拱度。

什么是弹性下挠

额定负荷时，起重机主梁的弹性变形量，叫弹性下挠。

什么是残余下挠

空载时，起重机主梁低于水平线的下挠值叫残余下挠。

什么是残余上拱

空载时，起重机主梁尚存的上拱值叫残余上拱。

什么是额定起重量

额定起重量是指天车在正常工作中允许起吊物件的最大重量。

什么是天车跨度

天车梁两端车轮踏面中心线间的距离，即天车两大车轨道中心线间的距离，称为天车跨度。

什么是天车轨距

天车小车车轮踏面中心线间的距离，即天车两小车轨道中心线间的距离。

什么是起升高度

天车的取物装置（如抓斗、吊钩等）上、下极限位置间的距离，称为天车的起升高度，天车的实际起升高度必须小于或等于天车的起升高度。

什么是额定起升速度

当起重机构的电动机为额定转速时，天车取物装置的上升速度称为天车的额定起升速度。

什么是大车的额定运行速度

当天车大车运行机构的电动机为额定转速时，其大车的运行速度称为大车（天车）的额定运行速度。

什么是小车的额定运行速度

当天车小车运行机构的电动机为额定转速时，其小车的运行速度称为小车的额定运行速度。

小车的运行机构包括哪些设备

小车的运行机构是由电动机、制动器、减速机、传动轴、联轴节、车轮等组成的。

小车的起升机构包括哪些设备

小车的起升机构包括电动机、制动器、减速器、联轴节、卷筒、滑轮组、钢丝绳吊钩（抓斗）、称量装置、超载限制器等设备。

简述天车常见的机械故障有哪些

起升机构常见的机械故障有：制动器弹簧张力过大，导致制动器松不开；制动器制动力矩太小而产生溜斗现象；钢丝绳被拉断造成的抓斗坠落；联轴器及齿轮轮齿折断；传动轴切断；减速器漏油；抓斗在上升或下降过程中出现开斗现象。

小车运行机构常见的机械故障：小车车轮啃轨道；小车起动时车身扭摆；小车的四个轮轴不在同一平面内，出现"三条腿"现象；联轴器及齿轮轮齿折断；传动轴切断；减速器漏油等。

大车运行机构常见的机构故障：制动器制动力矩太小，造成惯性行程太大，产生溜车现象；联轴器及齿轮轮齿折断；传动轴切断；减速器漏油；大车车轮轮缘啃轨。

小车车轮沿轨道全长出现"三条腿"现象的原因有哪些

出现"三条腿"现象的原因有以下三种。

（1）安装时四个车轮的轴线不在同一个平面上，当四个车轮直径相同时，必然会有一个车轮踏面与轨道有间隙，出现"三条腿"现象。

（2）四个车轮的轴线在同一个水平面上，但车轮制造或磨损量不一样，而出现直径差值，同样会导致小车出现"三条腿"现象。

（3）处于对角线位置的两个车轮直径偏小，当三个车轮踏面着轨后，必有一个车轮悬空。

导致大车车轮啃轨道的原因有哪些

导致大车车轮啃轨道的原因有以下七种。

（1）车轮安装精度不良，车轮的垂直度和直线度超出允许值，特别是水平方向的偏斜对大车车轮啃道的影响尤为突出。

（2）大车跨度超出允差值较多，与轨道跨度不符，或轨道安装的跨度超差较大与天车的跨度不符。

（3）主动轮加工不良，或淬火不良，磨损不一致，导致直径差值过大；两轮的线速度不等，而造成车身扭摆，发生啃轨现象。

（4）轨道安装质量差，不符合技术要求，如标高相差太大、轨道直线度误差超差等。

（5）大车分别驱动时，两端制动器调整不当，有一制动器未完全打开，使该侧运动阻力增加，而导致车身扭斜。或由于两端电动机额定速度不相等，造成两端速度不一致，进而大车车轮啃轨。

（6）集中驱动时，传动轴有滚键、切轴等均会造成车身扭斜，而发生啃轨。

（7）其他因素：如轨道顶面未清理干净，有杂物，或轨顶有油污、砂粒等。

天车的检修类型有哪些？简述其修理内容

（1）日检查。由交接班人员共同检查，发现影响安全生产的问题应及时提供给修理人员，解决后方可继续投产工作。

（2）月检查。由修理人员进行检查，并排除发现的故障隐患。

（3）定期检查。它包括周检、月检及半年检等，主要由修理人员对天车机械、电气进行全面检查，排除故障，并为下次检修做好准备工作。

（4）小修。排除机械运行和检修保养时发现的故障，通过修理和更换零部件使机械恢复正常运转。其原则是坏什么修什么的局部修理，花费时间短。

（5）中修。机械部分解体，修复或更换磨损的零部件，校正天车的几何坐标，恢复并保持天车的性能。

（6）大修。天车的机械和电气部分全部解体，更换损坏的机械零部件，清洗后重新组装，并试运行；电气设备全面修理，更换主要电气部件，如保护柜、凸轮控制器，电阻器等，并更换全部配线；金属结构全面检查，矫修主梁及桥架变形，并使其达到原始技术标准，涂漆保护等。

试述减速器漏油的部位及漏油的原因

（1）减速器箱盖与底座间的结合面漏油。结合面加工粗糙、不平，壳体变形，使两平面间存有间隙。

（2）减速器轴端盖处漏油。加工精度不符合要求，壳体变形造成孔变形，出现间隙。

（3）可通盖的轴孔处漏油。密封装置损坏，使油液外漏。

（4）观察孔处漏油。观察孔盖变形或密封垫破损，密封不严所致。

（5）油标尺塞孔处漏油。油量加的过多，齿轮传动时油流外溢。

通用天车有哪些润滑点

（1）吊钩组中滑轮轴两端润滑孔和推力轴承。

（2）小车架底部固定滑轮轴两端润滑孔。

（3）钢丝绳。

（4）各机构传动轴的齿轮联轴器。

（5）各机构减速器。

（6）各轴承箱。

（7）各机构电动机两端的轴承。

（8）各机构制动器关节铰接点。

（9）长行程电磁铁活塞部分。

（10）液压推动器的液压缸。

天车润滑时的注意事项有哪些

（1）天车润滑时必须切断电源。

（2）根据润滑部位的不同，选择相应的润滑脂，不得混合使用。

（3）润滑油或润滑脂必须保持清洁。

（4）严格执行制定的润滑计划。

（5）润滑时应注意检查各润滑部位的密封状况，损坏时应及时更换。

通用天车有哪些安全防护装置

通用天车的安全防护装置有超载限制器、上升行程限位器、下降行程限位器，大、小车行程限位器，各种联锁保护装置，大、小车车挡，大、小车缓冲器，大、小车扫轨器，各种防护罩，各种防护栏，夹轨器或锚定装置，防雨罩等。

天车不能启动的原因有哪些

（1）无电压。

（2）各机构控制器手柄不在零位。

（3）紧急开关未闭合。

（4）过电流继电器常闭触点未闭合。

（5）主接触器线圈短路。

（6）控制回路熔断器融丝烧断。

以上六种因素任一种均可导致天车不能启动。

简述天车电器部分的构成

天车电器部分是由电器设备、电器线路两部分组成的。电器设备有各机构电动机、制动电磁铁、控制电器（如控制器和保护柜、控制屏等）和各种保护电器等。电器线路则由主回路、控制回路、照明回路三部分组成。

天车电器保护装置有哪些

（1）过载保护和短路保护装置。

（2）零为保护装置。

（3）紧急停电保护装置。

（4）各机构终端形成限位保护装置。

（5）超载保护装置。

天车有哪些保护电器？各起什么作用

（1）过电流继电器，它对相应的电动机起过载或短路保护作用。

（2）保护柜主接触器，控制天车电源的接通和分断，实现各种安全保护。

（3）各机构行程限位器，实现各机构行程终端限位保护，防止带电碰撞。

（4）紧急开关、舱口门等安全连锁开关，它们分别起紧急断电和断电保护作用，以达到保护司机、维修和检查人员人身安全的作用。

（5）超载限制器，防止天车超载起吊。

（6）熔断器，对天车控制回路起短路保护作用，防止火灾。

钢丝绳的日常检查部位有哪些

（1）钢丝绳的固定端。该处易于锈蚀和松脱，必须经常检查。

（2）钢丝绳经常绕过滑轮的弯曲区段，特别是平衡滑轮处的钢丝绳磨损尤为明显。

（3）经常与外部构件碰撞、摩擦和易于磨损的绳段。

减速器日常宏观检查项目有哪些？如何维持保养

（1）检查减速器地脚固定螺栓和箱盖紧固螺栓是否紧固牢靠，有无松动。

（2）检查减速器润滑状况，是否有油，油质如何，是否符合技术要求。

（3）检查减速器箱盖与底座结合面，观察孔及各轴端盖处是否有漏油。

（4）检查减速器箱体是否有裂纹和变形。

（5）检查减速器运转时声响是否正常，有无异常声响。

减速器必须定期检查，定期润滑，加油量应适中，以油标尺刻线所示范围为准；经半年或一年后分解，清除旧油杂质，除去污垢，重新润滑，使减速器处于良好的润滑状态。

什么叫联轴器？天车上常用的齿式联轴器有哪几种

用来连接各电动机、减速器等机械部件、轴与轴之间，并传递转矩的机械部件，称为联轴器。联轴器可分为刚性联轴器和弹性联轴器两种。天车上常用的是全齿式联轴器（CL 型）和半齿式联轴器（CLZ 型），制动轮联轴器也属于半齿式联轴器。

什么叫刚性联轴器？什么叫弹性联轴器

凡是不能补偿连接各传动轴之间的轴向位移和径向位移的联轴器，称为刚性联轴器。反之，凡是能补偿连接轴之间的轴向位移和径向位移的联轴器，称为弹性联轴器。起重机上采用的齿轮联轴器就是弹性联轴器的一种，用以适应零部件的安装与调整。

简述联轴器的检查项目

联轴器的检查项目有：

（1）检查联轴器本体有无裂纹。

（2）检查联轴器连接是否紧固牢靠。

（3）检查联轴器的键连接是否松动、滚键。

（4）检查联轴器转动时是否有径向圆跳动和端面跳动。

（5）检查联轴器润滑状况是否良好。

（6）检查联轴器齿轮完整状况、磨损状况及内外齿轮啮合状况。

转机系统

机泵

机泵单向阀起什么作用

机泵单向阀可防止介质倒流，损坏机泵、抱轴。

机泵入口为何加过滤网

因为介质流动时会带脏物进入泵体内，损坏叶片，堵塞管线，加过滤网就可以防止以上事故发生。

正常条件下，离心泵启动前为什么要关闭出口阀

这是因为离心泵的功率大小随流量的增大而增大，当流量为零时，轴功率最小，启动泵时泵出口阀关闭，流量为零，意味着泵的启动负荷最小，可避免因电机的启动负荷过大超过其额定电流而将其烧毁。

简述往复泵的开停主要步骤

启动前的准备：

（1）将泵周围的卫生打扫干净。

（2）检查机泵管线及部件是否完整无缺。

（3）装好校验合格的压力表。

（4）注油器加足合格汽缸油，摇动手柄加油和检查备点注油情况。

（5）由脱水阀脱除主汽、乏汽管线存水。

设备润滑"五定"的内容是什么

"五定"是指：定时、定点、定期、定质、定量，对润滑部位清洗换油。

离心泵抽空有哪些现象

离心泵抽空现象为：（1）出口压力波动大；（2）泵振动大；（3）机泵

有杂音；（4）管线内有异声；（5）因压力不够，轴向串动引起泄漏；（6）电流波动或无指示；（7）流量时断时续或中断。

离心泵启动前为什么要盘车

离心泵启动前盘车的主要目的是检查泵轴转动是否灵活，有无不正常声音。特别是输送高凝点介质的离心泵，如果泵内有介质，将使轮与泵壳凝结在一起，启动时不盘车而盲目启动电机，会使电机因启动负荷太大超过其额定电流，而将电机烧毁。故离心泵启动前必须盘车。

辐射进料泵封油打不进去的原因是什么

原因为：（1）封油泵抽空或封油泵故障；（2）回流过大封油压力太低；（3）辐射原料泵平衡盘磨损过大或平衡管结焦堵塞；（4）串轴较大；（5）封油泵安装不正；（6）封油管线结焦堵塞。

离心泵和往复泵使用区别

（1）离心泵流量及扬程稳定，而往复泵流量及出口压力波动。（2）当使用条件不变时，离心泵的扬程为定值，而往复泵可以在维持流量不变时，改变出口压力。（3）离心泵流量受出口压力影响，而往复泵的流量基本不受管路阻力影响。（4）往复泵具有一定的自吸能力，不易抽空，启动时不需灌泵，而离心泵的自吸能力很差，启动时需灌泵，且易抽空。（5）往复泵能得到较高的扬程，故适用于高扬程，小流及高温、高黏度的介质输送，而离心泵则不能。（6）专用离心泵可以输送固体颗粒的介质，而往复泵则不能。

加热炉辐射泵抽空的原因是什么

原因为：（1）封油带水，温度太低或封油注入太多；（2）分馏塔底油变轻，或液面低；（3）泵体存水或分馏塔底油串入冷油；（4）进口管串汽，进口管堵或过滤器堵；（5）泵体故障或机泵故障。

离心泵长期小流量，运行会出现什么害处

离心泵长期小流量运行会出现以下害处：（1）使泵体温升高，由于泵的实际流量极小，即泵所作的有用功极小，而大部分轴功率转化成热能，传给泵内的液体，引起整个壳发热。（2）径向推力增大，在极小的流量下，不合理连续运转，轴弯曲绕度过大，轴承环很快磨损，甚至因轴疲劳过度，而导致轴折断。（3）喘振。在小流量长期运行时，会出现流量及泵出口压力有规则周期性变化的现象，这种现象称为喘振。发生喘振时，有振动和声响，对泵有不良影响。

热油泵预热快了有什么害处

热油泵预热速度一般为 50 ℃/h，预热快了有以下几点害处：（1）可能引起端面密封漏，法兰大盖漏；（2）对泵的零件造成损坏或使其失灵；（3）会影响泵的使用寿命。

离心泵与蒸汽往复泵操作有何不同

往复泵吸入性能好启动前不用灌泵，但必须打开出口阀，而离心泵启动前必须灌泵，防止"气阻"现象。另外离心泵一般用出口阀调节流量，而往复泵则不能，只能通过控制进汽线的开度来改变行程数以达到调节流量的目的。

离心泵不上量的原因有哪些

原因有以下五点：（1）泵内有气体造成气阻；（2）叶轮脱落，堵塞叶轮，叶轮磨损间隙大；（3）液面过低而抽空；（4）机泵反转；（5）入口线开度太小。

备用泵为什么要定期盘车

盘车是为了预防轴弯曲变形和检查机件松紧程度，并使加油后的运动得到初步润滑。由于转子零件质量集中在轴中间，在没有支点的地方静止

时，在重力的作用下时间久了就易向下弯曲，变形，因此要定期盘车，改变停放位置，把原来受重力的方向改变 180°，另外盘车能尽早发现泵内异常现象，可及时处理。

压缩机

机组启动前，为什么必须拆卸润滑油临时过滤网

在机组新安装或检修以后，为将油管路中残留的少量棉纱头、金属屑及泥砂等物清洗干净，一般采用油循环冲洗的方法。为了防止上述杂物进入轴承，都在各轴承进口法兰中临时加入了过滤网，并在每个过滤网前安装了压力表，根据压力上升情况，清洗各进油过滤网，直到油压不再上升，滤网上没有杂物为止。在机组启动前，必须将上述各轴承进口的过滤网拆除，不可忘记。否则，在长期运转后，滤网上或多或少会积存杂物造成阻力增加，使轴承前油压下降以至轴承因缺油而烧毁，或者被迫停机。

凝汽器的作用是什么

凝汽器是凝汽式汽轮机的重要辅助设备，其作用大致有三个：

（1）冷却汽轮机的排汽，使之凝结为水，再由凝结水泵送回锅炉。

（2）在汽轮机排汽口造成高度真空，使蒸汽中所含的热量尽可能地多做功，提高汽轮机的效率。

（3）在正常运行中凝汽器有除气作用，并有除氧作用，可提高水质，防止设备腐蚀。

凝汽器怎样工作

汽轮机的排汽进入凝汽器后，受到铜管内冷却水的冷却而凝结成水，其比容急剧减小，因而形成高度真空。凝结水不断由凝结水泵送入给水回热系统再返回锅炉，否则，水位升高，会降低凝汽器的效率。

为了保证凝汽器内的高度真空，除了保证凝汽器尽可能的严密，以防

空气漏入外，还装设抽气器以抽出从凝汽器和汽轮机等任何不严密的地方漏入的空气和蒸汽带入的空气。

什么是凝汽器的极限真空和最有利真空

凝汽器真空的高低，主要决定于冷却水的温度和流量。要提高真空，主要靠降低冷却水的温度或加大流量。当凝汽器的真空度提高时，汽轮机的可用热焓降要受到汽轮机末级叶片膨胀能力（压力比）的限制。当蒸汽在末级叶片中的膨胀已达到最大值时，与之相当的真空就叫作极限真空。超过这个真空，蒸汽就在末级叶片出口处继续膨胀，造成涡流损失，然而汽轮机在极限真空下运行并不是最有利的。因为要造成这样高度真空，就必须消耗相当多的能量（包括电、水、汽）。因此，对于每台汽轮机来说，都应该用试验方法确定最有利的真空。所谓最有利真空是指超过这个真空时，提高真空所消耗的能量大于因真空提高汽轮机多做的功。因此凝汽器真空过高过低对汽轮机经济性均不利，所以在操作时，必须对凝汽器的真空严密监视，以维持最合适的真空。

凝汽器铜管泄漏有哪些原因

（1）对于用胀管法固定的铜管，其原因有胀口松动和胀管工艺不当。

（2）由于振动使铜管断裂，其原因是：铜管与汽轮机发生共振；汽轮机排汽中含有较大的水珠，撞击铜管而发生振动；凝汽器中间隔板孔过大，不能起支架作用，或管板边缘太锋利，使铜管产生裂纹。因汽轮机超负荷，蒸汽流量过大，引起上部铜管振动。

（3）机械性损伤。原因是机械清洗时损伤铜管内壁，汽轮机叶片断落击伤铜管，运行操作不当，疏水冲击凝汽器铜管。

（4）铜管严重脱锌。

（5）汽轮机组接地不良，引起电腐蚀。

凝汽器为什么要有热井

热井的作用是集中凝结水，以方便地控制凝结水位，有利于凝结水泵

正常运行。如无热井，凝汽器内的水位就会不稳定，使部分冷凝铜管浸入水内，造成凝结水过冷却，影响运行的经济性。

抽气器的空气管应从凝汽器何处接出

由于抽气器从凝汽器里抽出去的是蒸汽及空气的混合物，假使蒸汽占的比例太大将使抽出的空气绝对值减小，影响抽气效率及真空，因此空气管应从凝汽器冷却器冷却区域接出。这样能使气体经过冷却区域冷却，使气体中蒸汽的比例很小。

凝结水泵为什么要有空气管

凝结水泵是在高度真空下把水从凝汽器中抽出，所以进水管法兰盘和盘根较容易漏入空气。同时进入的水中也可能带有空气。因此把水泵的吸入管与凝汽器的蒸汽空间相连，使泵在启动与运行时，顺此管抽出水中分离出的空气，以及经过某一不严密的地方偶尔漏入泵内的空气，以免影响水泵运行。水泵运行期间，必须使水泵与凝汽器之间的这一空气管的阀门保持在稍微开启的状态。

为什么当凝结水泵运行时，水位过低会发生噪音

汽轮机凝结水泵入口侧是在很高的真空度下工作，为了保证凝结水泵正常工作，在入口侧要求保持一定高度的水位。但凝结水泵的流量大大超过原设计数值时，凝结水位就会降低，从而引起水泵汽蚀，一旦发生汽蚀，水泵内就会产生异常噪声。此外凝汽器内凝结水的温度，就是相当于凝汽器内绝对压力下的饱和温度。因此要使凝结水泵内水不致汽化，就必须维持水位在一定的高度，用水的静压力来补偿凝结水在管路中的水压损失，维持凝结水在泵入口的压力略高于该温度的饱和压力。当凝结水泵汽蚀现象严重时，会引起水泵中断送水，叶轮受损破坏。因此凝汽器热井中的水位不应过低。

启动抽气器时，为什么先启动第二级后启动第一级

第二级抽气器的排汽是直接排向大气的，而第一级抽出的空气必须经过第二级后再排向大气，第一级流水采用 U 形管疏水，如果先启动第一级再启动第二级，因 U 形管两面的压力差增加，会使 U 形管中的水冲掉，造成第一级抽出来的空气经过 U 形管又回到凝汽器，也就是说第一级抽气器等于不起作用。所以启动抽气器时必须先启动第二级，再启动第一级。

影响抽气器正常工作的因素有哪些

（1）蒸汽喷嘴堵塞。由于抽气器喷嘴孔径很小，故比较容易堵塞，因此一般在抽气器前都装有滤网。

（2）冷却器水量不足。这是在启动过程中，循环阀门开度过小而引起的。

（3）疏水器失灵或铜管漏水，使冷却器充水，影响蒸汽凝结。

（4）汽压调整不当。因为抽气器蒸汽阀门一般都关小节汽，有时阀门由于汽流扰动作用而自行开大或关小，影响汽压。

（5）喷嘴或扩压管吹损。

（6）汽轮机严密性差，漏入空气太多，超出抽气器负载能力。这可由空气严密性试验进行判断。

（7）冷却器受热面脏污。

汽轮机机室压力为什么时高时低

（1）抽气器的真空度大，机室压力下降；真空度小，机室压力大。

（2）汽轮机负荷大，机室压力大；负荷小，机室压力小。

气压机入口温度的变化对气压机有什么影响

（1）入口温度升高，使富气量增多，增大了气压机负荷。

（2）入口温度升高会导致出口温度升高，出口温度到一定程度便要超标，非停机不可。

（3）入口温度过低，除富气量减少外，还影响气体组成，气体分子量太低，气压机出口压力降低。

蒸汽压力下降时，汽轮机为什么要降负荷

在同样负荷下，蒸汽压力下降，流量要增加，会造成汽轮机过负荷，特别是最后几级叶片受水冲蚀严重。所以在蒸汽压力下降时要降负荷。

轴封为什么冒汽严重

气压机负荷增大，汽轮机蒸汽量增多，若调整不及时，则轴封压力会过大，轴封冒汽便会大起来。

汽轮机调速系统的作用是什么

汽轮机调速系统的作用就是使汽轮机输出功率与负荷保持平衡。当负荷增加时，调速系统就要开大汽门，增加进汽量（负荷减小时相反）。在负荷变化时必须保持汽轮机的正常运转速度。另外当负荷突然减小时，调速系统也要防止转速急速升高。汽轮机的调速系统就是起着适应负荷需要，调节转速的作用。

带动气压机的汽轮机调速系统还起着根据工艺对气体流量及压力的要求改变转速的作用。

调速系统应满足哪些要求

（1）当主汽门完全开启时，调速系统应能维持汽轮机空负荷运行。

（2）当汽轮机由全负荷突然降到空负荷时，调速系统应能维持汽轮机的转速在危急保安器的动作转速以下。

（3）主汽门和调速汽门门杆、错油门、油动机以及调速系统连杆上的各活动连接装置没有卡涩和松动现象。当负荷改变时，调速汽门应均匀平稳地移动。当系统负荷稳定时，负荷不应摆动。

（4）当危急保安器动作后，应保证主汽门关闭严密。

（5）主机的一个或几个参数可以对汽轮机的转速进行调节。

不符合以上要求时，汽轮机不应投入运行。

进汽温度过高或过低，对汽轮机运行有什么影响

进汽温度高过设计值，虽然从经济上来看是有利的，但从安全条件上来看是不允许的。因为在高温下，金属机械性能下降很快，会引起汽轮机各部件使用寿命缩短，如调速汽门、速度级及压力级前几级喷嘴、叶片、轴封及螺栓等；还可能使前几级叶轮套装松弛。因此，进汽温度过高是不允许的。进汽温度低于设计值会使叶片反飞动度增加，使轴向推力增大。在气温过低条件下运行，会增加汽耗，影响经济效益。此外进汽温度降低，将使凝汽式汽轮机后面几级叶片发生水蚀，缩短使用寿命。

进汽压力过高或过低，对汽轮机运行有什么影响

汽轮机在设计时是根据额定主蒸汽压力来考虑各部件的强度的，因此在主蒸汽压力高于额定值时，会使主蒸汽管及管道上的阀门、调速汽门的蒸汽室和叶片等过负荷，甚至会引起各部件的损坏。另外，进汽压力超过额定值，会使汽轮机末几级蒸汽工作温度增加，造成末几级叶片工作恶化。

进汽压力低于设计值时，将使汽轮机的效率降低，在同一负荷下所需的蒸汽量增加，引起轴向推力增加。同时，使后面几级叶片所承受的应力增加，严重时会使叶片变形。另外，进汽压力过低将使喷嘴达到阻塞状态，使汽轮机功率达不到额定数值。

汽轮机超负荷运行会产生什么危害

（1）由于进汽量增加，叶片上所承受的弯曲应力增加，同时隔板、静叶片所承受的应力与引起的挠度也增加。

（2）由于进汽量增加，轴向推力增加，使推力瓦乌金温度升高，严重时造成推力瓦块烧毁。

（3）调速汽门开度达到接近极限的位置，油动机也达到了最大行程附近，造成调速系统性能变坏，速度变动率与迟缓率都会增加，使运行的平稳性变坏。

由于以上几个问题，所以不允许汽轮机长期超负荷运行。

汽轮机通流部分结垢有什么危害

蒸汽质量不好，会使汽轮机通流部分结盐垢，尤其是高压区结垢比较严重。汽轮机通流部分结垢的危害性有以下三点：

（1）降低了汽轮机的效率，增加了汽耗量。

（2）由于结垢，气流通过隔板及叶片的压降增加，工作叶片反动度也随之增加，严重时会使隔板及推力轴承过负荷。

（3）盐垢附在汽门杆上，容易使汽门杆产生卡涩。

凝汽式汽轮机真空下降的原因是什么？有什么危害

凝汽式汽轮机真空下降的原因较多，一般有以下五方面：

（1）凝结水泵抽空，使凝汽器水位升高，淹没了部分铜管和抽气口。

（2）真空抽气器故障，不能正常抽汽。

（3）凝汽器铜管脏污，降低了传热效率，或者堵塞铜管。

（4）冷却水量减少或中断。

（5）真空系统不严密，漏入空气。经常漏入空气的地方有：轴封处、排气室与凝汽器的连接部分、抽气管连接处、汽缸结合面、凝汽器水位表、真空表等连接处。

真空下降的危害性很大，主要有以下四个方面：

（1）真空下降等于背压增大，会使蒸汽焓降减少，增大汽耗，降低经济性。

（2）真空下降会增加级的反动度，使轴向推力增加，严重时会使推力瓦乌金熔化。

（3）真空下降同时会造成排气量温度上升，造成低压缸部分热胀，使汽轮机动、静部分摩擦碰撞。

（4）使凝汽器铜管内应力增大，以致破坏凝汽器的严密性。

汽轮机为什么要低速暖机

汽轮机在启动时，要求一定时间进行低速暖机。冷态启动时，低速暖机的目的是使机组各部件受热均匀膨胀，以避免汽缸、隔板、喷嘴、轴、叶轮和轴封等各部件发生变形和松动。对于未完全冷却的汽轮机，特别对没有盘车装置的汽轮机，启动时也必须低速暖机，其目的是防止轴弯曲变形，以免造成汽轮机动静部分摩擦。

暖机的转速不能太低。因为转速太低，轴承油膜不易建立，造成轴承磨损。同时，转速太低，控制困难，在蒸汽温度压力波动时，容易发生停机现象。暖机转速太高，则会造成暖机速度太快。

汽轮机在启动前为什么要疏水

启动前暖管暖机时，蒸汽过冷，马上凝结成水。凝结水如不及时排出，高速的气流就会把水夹带到汽缸内把叶片打坏。因此开机前必须将管道内的水排净。

在管道疏水完毕，汽轮机启动前汽缸内会有蒸汽凝结成水，如不排走也会造成叶片冲蚀。另外在停机时，汽缸内存有凝结水，会引起汽缸内部腐蚀。因此汽缸也要疏水。

凝汽式汽轮机在启动前为什么要抽真空

汽轮机在启动前，汽轮机内部都存在空气，机体的压力等于大气压力。如果不抽真空，空气就无法排出，因而使排气压力增大。在这种情况下开机，必须有很大的蒸汽量来克服汽轮机及气压机各轴承中的摩擦阻力和惯性力，才能冲动转子，使叶片受到较大冲击力。转子被冲动后，由于凝汽器内存在空气，降低了传热速度，冷却效果差，使排汽温度升高，造成后汽缸及内部零件变形。凝汽器内背压增高，也会使真空安全阀动作。所以凝汽式汽轮机在启动前必须抽真空。

凝汽式汽轮机启动时为什么不需要过高的真空

汽轮机启动时，不需要过高的真空。因为真空越高冲动汽轮机需要的进汽量就越小，进汽量太小不能达到良好的暖机效果。

真空维持在 67～80 kPa 比较适宜。真空降低些，也就是背压提高些，在同样的汽轮机转速下，进汽量增多，排汽温度适当提高，能达到较好的暖机目的。

凝汽式汽轮机启动前向轴封供汽要注意什么

汽轮机启动前，由于汽缸内处于真空状态，向轴封供给的蒸汽一部分就要被吸入汽缸内部。如果汽封蒸汽压力过高就会有大量蒸汽进入汽缸内。热气上升，就会使汽缸及转子的上部比下部温度高。转子就会渐渐地向上弯曲变形。因此在向轴封供汽时应特别注意蒸汽压力不要过大，使汽封冒汽管微微冒汽即可。另外也要注意盘车，使转子受热均匀。

气压机启动时为什么要先开反飞动阀

气压机在启动时，入口阀全开，出口阀处于全关状态。由于装置开工过程中，处理量是慢慢增大的，所以气体量开始比较少；为保证气压机入口有一定流量，故反飞动阀也需打开。随着气体增加，逐渐关小反飞动阀。此时，一般用机出口放火炬调节气压机出口压力。这样开机平稳，并可避免气压机飞动。

机组启动冲动转子时为什么有时转子冲不动

冲转时转子冲不动的原因如下：

（1）因调速油压过低或操作不当，应开启的阀门未开，如危急遮断阀、调速汽门等。

（2）进口蒸汽参数比要求的低或者凝汽器真空低（对凝汽式汽轮机）及背压太高（对背压式汽轮机）。

（3）在用主汽隔离阀的旁路阀启动时，由于蒸汽量小或气温低使蒸汽在管道及汽缸内很快冷却凝结，转子不易冲动。

（4）转子与机壳有摩擦的部位，特别是汽封齿与轴颈发生摩擦。

（5）整个机组负载过大，不是在低负载状态下启动。

蒸汽式汽轮机停机时为什么要等转子停止时才将凝汽器真空降到零

汽轮机停机时，除非是紧急停机要破坏真空使其迅速停止外，一般情况是真空逐渐降低，当转子停止时，真空接近于零。这样，将每次停机时转子的惰走时间相互比较，便可发现汽轮机组内部有无不正常现象。如真空降低快慢没有标准，由于压缩机损失有大小，影响惰走时间长短，就不能根据惰走时间来判断设备是否正常。另外保持真空，还有利于停机后保持汽缸内部干燥，防止发生腐蚀。

凝汽式汽轮机停机时为什么不立即停止向轴封供汽

停机尚有真空时，若立即关闭轴封供汽，则冷空气通过轴封吸入汽缸内，会使轴封骤冷而变形，在以后的运行中会使轴封磨损并产生振动。因此必须等真空降低到零，汽缸内压力与外界压力相等时，才关闭轴封供汽。这样，冷空气就不会从轴封处漏入汽缸，引起变形，损坏设备。

机组停机时为什么要先切除系统

气压机组在停机时先切除系统，即关闭出口阀与打开放火炬阀。这是因为：① 气压机停机会为整个装置带来压力波动，以稳定生产；② 将机组切除系统后，就可以用减小出口压力的方法来降低机组的负载。停机过程是机组工况发生急速变化的过程，降低负载对保护转子、轴承是有利的。

停机后为什么润滑油尚需运行一段时间

当机轴静止后，轴承和轴颈受汽缸及转子高温传导作用，温度上升很快，这时如不采取冷却措施，会使局部油质恶化，轴颈和轴承乌金损坏。为了消除这种现象，停机后油泵必须再继续运行一段时间以进行冷却。油泵运行时间的长短，视汽缸与轴承的降温情况而定，要求汽缸温度降低到

80 ℃以下，轴承温度降低到 35 ℃以下，方可停泵。

气压机在哪些情况下要紧急停机

（1）机组剧烈振动，并有金属撞击声音。

（2）轴承温度大于 75 ℃或冒烟时。

（3）轴承及汽封冒火花时。

（4）汽轮机发生水击。

（5）真空度下降到 40 kPa 以下，并无法提起来。

（6）油箱液面下降，无法补油时。

（7）严重火灾及重大事故发生。

（8）工艺操作条件突变引起机组飞动，短时间无法查清原因消除飞动时，根据班长通知，应紧急停机。

静止设备

容器

焦化装置的主要设备有哪些

主要设备有：焦炭塔，加热炉，分馏塔，冷换设备，高压水泵及电机，辐射泵及电机。

原料罐冒罐如何处理

（1）发现冒油后，立即停止原料进罐，原料罐甩油。

（2）查明原因，进行处理，若掺炼冷渣油，可停止掺炼。

常用的法兰垫片有哪些种类

常用的法兰垫片有如下种类：（1）非金属垫片，如石棉垫片、合成树脂垫片等。（2）半金属垫片，如缠绕式垫片等。（3）金属垫片，如铜、铝、铁、钢及其他垫片等。

冷换设备

空冷器

什么叫空冷器的迎风速？它的大小受什么影响

迎风面是指管束迎风的一面。迎风面的面积为管束外框内壁以内的面积，它近似地等于管束的长乘宽。空气通过迎风面的速度简称迎风速。

迎风面空气流速太低时，影响传热效率。特别是湿式空冷，如果迎风速过低，水就不能吸到里面的管子表面，因此，大部分管束成了干空冷而大大降低冷却效果。迎风速过高，影响空气压力降，从而影响功率消耗。因此迎风面速度规定在一定的范围，最大不超过 3.4 m/s，最小不低于 1.4 m/s（标准状态）。

空冷器的通风方式有几种

空冷器的通风方式有强制通风与诱导通风两种，也可以称为鼓风式和引风式。鼓风式风机放在管束的下面；引风式的风机放在管束的上面。

空冷器的翅片管有哪几种形式

空冷器的翅片管主要有：L 形缠绕式翅片管、镶嵌式翅片管、整体轧制的翅片管、复合翅片管（双金属翅片管）。

湿空冷和干空冷有什么区别

湿空冷和干空冷的不同点就是湿空冷向空气冷却器的翅片管上喷洒雾状水，依靠水在翅片管上的蒸发，强化传热，达到降低油品出口温度的目的，可以减少后冷。

湿空冷喷淋水用一般的水行吗

不行。因为一般的冷却水中含有泥沙、杂质及各种盐类，喷在管束表面会结垢，从而影响冷却效果。因此，湿空冷最好用软化水用喷淋水。在没有条件的情况下，应将一般的冷却水通过沙滤器和磁水器除去杂质后再用作湿空冷喷淋水。因此，一般应循环使用，节省水量。

冷换设备在开工过程中为什么要热紧

冷换设备的主体与附件用法兰与螺柱连接，垫片密封。由于材质不同，在装置开工升温过程中，将分别超过 200 ℃，各部分膨胀不均匀造成法兰松弛，密封面压比下降，高温时，更会造成材料的弹性模数下降，变形，机械强度下降，引起法兰产生局部过高的应力，产生塑性，变形弹性消失。此时，压力对渗透材料影响极大，会使垫片沿法兰面移动，造成泄漏。热紧的目的在于消除法兰的松弛，使密封面具有足够压力以保证密封效果。

换热器

为什么解吸塔采用热虹吸重沸器而不采用釜式重沸器

采用热虹吸重沸器时，塔底的标高需要增加，而解吸塔脱乙烷汽油必须用泵抽出。为了满足泵的灌注头也需要提高塔位，所以在解吸塔底采用热虹吸重沸器更为合理。

说一下换热器投用的最基本步骤是什么

（1）投用前要对被投用的换热器进行吹扫试压，并排出管壳程的凝结水。

（2）要先投冷流后投热流，要先开出口，后开入口，开阀时要缓慢。

（3）投用后要全面检查。

说一下如何停换热器

（1）停换热器时要先停热流后停冷流。

（2）停后要进行扫线，扫管程时壳程出入口阀门不得关死，防止壳程介质气化憋坏设备。

（3）扫线完毕后要将管壳程出入口阀门关闭，并将管壳程凝结水排净。

说一下冷却器的投用步骤

（1）开大冷却器回水阀前的排凝阀，微开上水阀，当排凝阀由气转为水时将回水阀打开。

（2）开大冷却器的上水阀，根据冷却器介质出口温度调节冷却器回水阀的开度。

说一下如何停用冷却器

（1）先关闭回水阀，然后关闭上水阀。

（2）打开回水阀前的排凝阀，将管程的水放净。

（3）冬季停用冷却器要打开上下水连通线阀门，防止冻坏管线。

热管式换热器的工作原理是什么

在密闭的高度真空的管子或筒体内壁镶套着一层多孔毛细结构的吸液芯，浸满液相工质。外部热源在蒸发段输入热量，使工质蒸发、汽化。蒸汽流向冷凝段进行凝结，释放出来的汽化潜热送至外界。凝液缩进吸液芯里面，靠毛细压力的作用流回蒸发段，完成工质的自动循环。

按用途分，换热器分为哪几类

按用途分，换热器可分为：热交换器、加热器、冷却器、冷凝器、重沸器五类。

目前广泛使用的列管式换热器有哪几种

目前广泛使用的列管式换热器有以下几种：固定管板式、浮头式换热器、U 形管式换热器。

浮头式换热器主要由哪些部件组成

浮头式换热器主要由以下部件组成：管箱、壳体、浮头盖、管壳程进出口接管、法兰；固定管板、活动管板、小浮头（小锅）、管束、折流板等。

再沸器（重沸器）普遍使用的有哪两种

有釜式再沸器、热虹吸式再沸器两种。

提高传热速率有哪些途径

有以下途径：增大传热面积、增加传热温差、提高传热系数。

换热器管程和壳程如何选择

冷热流体哪个走管程或者走壳程比较合适，需要根据具体情况分析，一般来说可以按下面排列顺序选择走管程的流体：

（1）冷却水。

（2）有腐蚀性或易于积聚沉积物的流体。

（3）两种流体黏度较小的。

（4）高压下的流体。

（5）温度较高的流体。

（6）流量较小的流体。

说出换热器 BES700-1.27/1.61-155-6/19-4I 符号及数字的含义

B：封头管箱；E：单程壳体；S：钩圈式浮头；700：公称直径，mm；1.27/1.61：管/壳程公称压力，MPa；155：公称换热面积，m^2；6/19：热管长度（m）/换热管外径（mm）；4：管程数；Ⅰ：换热管级别（Ⅰ较高级冷拔换热管，Ⅱ普通级冷拔换热管）。

换热流程的选定一般考虑哪几方面的问题

一般应考虑以下四方面问题：（1）热源的选择，既要考虑热源的温位，又要考虑热源的热容量；（2）尽量提高冷流，热流的传热温差；（3）热量回收温度要适当；（4）注意压力降。

阀门

阀门如何开关

一般阀门（除球阀外）均为左开右闭（应注意阀柄上的开关指示）。在开关阀门过程中应该注意，避免阀门的丝杠过度受力而产生损坏（导致大盖泄漏及阀板与阀杆脱落）。

闸阀只能关不能开是什么原因

原因是：丝杠轴承的键脱落。

阀门盘根密封泄漏的原因

原因是压盖松或填料磨损严重，需旋紧压盖螺栓或充填填料。

压盘根应注意什么

保证均匀平整旋转两端螺丝，使压盖垂直进入。盘根绳接口应错位压入以防止泄漏产生。

垫片密封不住的原因有哪些

其原因有：垫片的材料或形式选择不当，不适合于使用工况；垫片的厚度和宽度选择不当；垫片压得不够、过量、不均匀、装偏；管复冷热循环，流体温度，压力波动大或振动；在温度和压力状态下由于垫片蠕变或螺栓伸长松弛；由于点蚀或变形造成法兰面损坏；法兰面的光洁度不够或除去旧垫片时法兰面清理不干净等。

装置常用阀门、法兰垫片有几种

常用的有石棉垫、缠绕垫、钢圈垫。

闸板阀与截止阀在结构和用途上有何区别

闸板阀利用闸板与流通通道所留面积控制流量，截止阀利用截止件与上行通道距离控制流量。

闸板阀由于调整流量行程长，行程与流量线性度好，所以调整流量性能好，常用于调整介质流量。截止阀行程短，一般用于紧急关断。

换塔后，焦炭塔入口阀阀柄脱落有何现象

（1）泵出口压力及辐射入口压力急剧上升；（2）辐射流量急剧下降；（3）炉出口温度及总出口温度上升；（4）注水流量下降；（5）系统压力下降；（6）转油线法兰，炉堵头胀口可能被憋漏着火。

塔

按结构形式塔分为哪两类

按结构可分为板式塔和填料塔两类。

板式塔的基本结构有哪些

它包括：裙座、塔体、除沫器、接管、人孔和手孔、塔内件等。

车间焦炭塔主体材质是什么

焦炭塔的主体材质为 15CrMoR+0Cr13 复合板。

焦炭塔有什么作用

焦炭塔是焦化装置的主要设备，是进行焦化反应的场所和生成石油焦的地方，是焦化装置的标志。

炼油设备保温的目的是什么

（1）防止介质冻结。（2）防止内部热损失和外部热量传入。（3）为了改善工艺操作环境，防止高温，管路和设备烧伤操作人员和引起火灾事故。

简述塔的检修主要质量标准是什么

（1）塔盘零配件制造和检修用料要符合设计要求；（2）塔盘零配件制造要符合标准；（3）安装质量标准；（4）塔内检修结束，封上人孔，进行试压，试漏达到标准后，检查各处是否合格；（5）检修完毕，塔内杂物应清扫干净，经检查后封人孔；（6）每次大修时应对腐蚀，冲蚀等部位做出详细记录，并记下各监测点的位置和查出的缺陷；计算出塔体及部件的腐蚀，冲蚀速率。

参考文献

［1］高晓明. 能源与化工技术概论［M］. 西安：陕西科学技术出版社，2017.

［2］中国化工学会精细化工专业委员会，黑龙江省化工学会. 现代化工技术［M］. 哈尔滨：黑龙江科学技术出版社，1997.

［3］解恩泽，王广铨，邵福林. 化工技术人员综合知识手册［M］. 长春：吉林科学技术出版社，1990.

［4］凌立新，蒋山泉，鲁凌. 化工单元实训操作［M］. 重庆：重庆大学出版社，2020.

［5］王钰. 煤化工生产技术［M］. 重庆：重庆大学出版社，2017.

［6］许绍彭. 农村实用化学化工知识与技术［M］. 上海：上海科学普及出版社，1992.

［7］李峰，薛晓东，贾素改. 化工工程与工业生产技术［M］. 汕头：汕头大学出版社，2021.

［8］张晓宇. 化工安全与环保［M］. 北京：北京理工大学出版社，2020.

［9］郭玉高，刘秀军，张庆印. 化工原理理论与方法［M］. 北京：中国纺织出版社，2019.

［10］杨伯涵. 化工生产安全基础知识实用读本［M］. 苏州：苏州大学出版社，2017.

[11] 宋文娟. 化工工程中脱硫剂还原装置研究 [J]. 石化技术，2024，31
（8）：39-40，82.

[12] 王军，朱辉煌. 焦炭塔晃动原因及应对措施浅析 [J]. 石油化工技术
与经济，2024，40（3）：55-57.

[13] 马松波，马玉锋，孟昭东，等. 炼油化工中的气体脱硫技术 [J]. 化
学工程与装备，2023（5）：26-27，46.

[14] 刘龙，吴芳丽，韩宾. 煤化工技术现状及发展趋势 [J]. 化工管理，
2021（33）：47-48.

[15] 聂红，魏晓丽，胡志海，等. 化工型炼油厂反应基础与核心技术开发
[J]. 石油学报（石油加工），2021，37（6）：1205-1215.

[16] 郁雯，刘航，李凯，等. 天津市化工区基础设施的信息化处理 [J]. 河
北建筑工程学院学报，2019，37（3）：57-62，97.

[17] 贾艳荣. 现代煤化工技术现状及趋势分析 [J]. 化工管理，2017（35）：
195.

[18] 曹占芳. 化工原理教学方法探讨 [J]. 广东化工，2011，38（10）：162，
152.

[19] 黄海，陈旭东，王宇，等. 将膜蒸馏技术引入化工基础实验教学 [J]. 实
验室研究与探索，2007（5）：44-46.

[20] 杨世芳，周艳，曾嵘. 化工技术基础实验教学改革实践与探讨 [J]. 广
东化工，2007（4）：90-91.

[21] 李豪生. 煤焦化企业脱硫工艺工序技术改造 [D]. 昌吉：昌吉学院，
2023.

[22] 王宇超. 高硫石油焦脱硫技术研究 [D]. 北京：中国石油大学（北京），
2023.

[23] 张浩. 化工废气中 NO_2 光谱成像检测技术研究 [D]. 合肥：合肥学院，
2023.

[24] 王增超. 焦炭塔热机械疲劳损伤预警方法研究 [D]. 大连：大连理工

大学，2020.

［25］杨彦春. 工业烟气干法脱硫关键技术基础研究［D］. 抚顺：辽宁石油化工大学，2019.

［26］万帅. 焦炭塔健康监测系统研究及开发［D］. 重庆：重庆科技学院，2019.

［27］王东. VR 全景视频实验"认识加热炉"的设计与制作［D］. 扬州：扬州大学，2018.

［28］郑海亮. 煤化工中废水处理技术研究［D］. 西安：西北大学，2017.

［29］吴丽萍. 供氢馏分循环焦化技术研究［D］. 青岛：中国石油大学，2011.

［30］孙代绪. 分馏生产过程产品质量评价及智能分析［D］. 天津：天津理工大学，2003.